三维游戏
场景制作入门教程

田 甜 编著

上海交通大學出版社
SHANGHAI JIAO TONG UNIVERSITY PRESS

内容提要

本书为"高职高专传媒艺术专业创新实践系列教材"中的一本。本书主要是传媒艺术专业三维游戏场景制作课程的入门级教材,本书主要内容包含了游戏武器模型制作、游戏武器 UV 制作、游戏武器材质制作、游戏场景物件模型制作、游戏场景物件 UV 制作和游戏场景物件材质制作等章节。本书案例安排合理、实用性强,既适合各类中高职业院校游戏设计及数字媒体艺术设计专业作为教学用书,也可作为学校的培训教程,或者作为游戏制作人员的辅助参考书。

图书在版编目(CIP)数据

三维游戏场景制作入门教程/田甜编著. —上海:上海交通大学出版社,2021
ISBN 978-7-313-24535-9

Ⅰ.①三… Ⅱ.①田… Ⅲ.①三维动画软件—游戏程序—程序设计—高等职业教育—教材
Ⅳ.①TP391.41

中国版本图书馆CIP数据核字(2020)第261184号

三维游戏场景制作入门教程

SANWEI YOUXI CHANGJING ZHIZUO RUMEN JIAOCHENG

编 著:	田甜			
出版发行:	上海交通大学出版社	地 址:	上海市番禺路 951 号	
邮政编码:	200030	电 话:	021-64071208	
印 制:	上海锦佳印刷有限公司	经 销:	全国新华书店	
开 本:	787mm×1092mm 1/16	印 张:	10.75	
字 数:	225 千字			
版 次:	2021 年 4 月第 1 版	印 次:	2021 年 4 月第 1 次印刷	
书 号:	ISBN 978-7-313-24535-9			
定 价:	68.00 元			

高职高专传媒艺术专业创新实践系列教材

编 委 会

主 编 王纯玉

副主编 张继平 姜超

委 员

田 甜 张 麒 宋庚一

马 玥 刘家全 杨艺旋

序

中国高等职业教育经历了不平凡的发展历程，从高等教育的辅助和配角地位，逐渐成为高等教育的重要组成部分，成为实现中国高等教育大众化的生力军，成为培养中国经济发展、产业升级换代迫切需要的高素质应用型人才的主力军，成为中国高等教育发展不可替代的半壁江山，在中国高等教育和经济社会发展中扮演着越来越重要的角色，发挥着越来越重要的作用。

高等职业教育应该根据社会需求，培养高级技术应用型专门人才，因此，应该构建学生的知识、能力、素质结构三位一体的人才培养体系。对于如何以"应用"为主旨和特征构建人才培养体系，大部分高职院校都是通过拓展校内外实训基地、开展工学结合的方式来提升学生的职业技能。但是，高职院校的校内实践基地一般以"实训室"为主要形式。"实训室"不外两种：场景模拟和电脑模拟。由于受到场地、资金等原因的限制，往往场景模拟缺乏可行性，电脑模拟缺乏技术性，很多专业课程的职业能力并未得到很好的训练。而校外实训，很多高职院校在与企业签订好合作协议后，就把协议束之高阁，或者仅仅是开展一些诸如安排学生参观、短期实习、就业等浅层次的合作，校企合作还停留在表面，没有形成长期稳定、双向互动、运转良好的校外实践基地网，没有真正建设成可以满足实践需要的校外实践基地。

根据传媒艺术专业的特点，很多课程的职业技能训练不一定要局限于校内外实训基地，完全可以通过实践课业体系设计，直接把课堂作为技能训练、素质培养的场所，根据每门课程的特点设计课程实训模块和项目，通过实践课业训练，促使学生把专业理论知识转化为应用技能，把学生的职业能力培养真正落到实处。

为了提高课堂技能训练效果，我们组织编写一套实训丛书，本套丛书具有以下特征。

首先，针对性强。我们确定了丛书的读者对象为高等职业院校传媒艺术专业的专科生。编写丛书的作者都是从事高等职业院校传媒艺术专业教学多年的教师，具有丰富的教学经验，了解高等职业院校传媒艺术专业学生的学习基础。因此，本套丛书有利于教师因材施教。

其次，实践性强。实践课业是专业知识通向岗位技能的"桥梁"，课业训练使学生将理论知识运用到实践中去，让学生真正掌握课业技能。整个课程中，教师为课业指导而设计、编排课业，组织课业活动，学生为完成课业而学习专业知识、动手操作课业。因此，本套丛书有利于学生基本技能的训练。

最后，应用性强。强化综合职业能力训练，可以推进高职人才培养从"应试型"向"应用型"转变。实践课业体系通过各类课业的设计和训练，把学生所做的课业成果作为评估、考核依据，促使高职人才培养从"应试型"向"应用型"转变，为职业能力培养提供了有效途径。因此，本套丛书有利于学生职业能力的训练。

本套丛书的编写由上海市民办教育发展基金会的"上海市重点课题项目"和上海市教委教育技术设备中心的"上海市职业教育集团推进专项项目"提供经费支持，上海震旦职业学院王纯玉副校长担任主编，上海震旦职业学院传媒艺术学院张继平院长、姜超院长助理担任副主编，长期从事传媒艺术教育的教师参与丛书编写。我们希望这套丛书能得到相关学校老师与同学的喜爱，为传媒艺术专业高等职业教育的发展做出应有的贡献。

本套丛书的编写与出版得到了所有参编教师的鼎力相助，得到了上海交通大学出版社的大力支持，在此一并表示感谢。

王纯玉

2020 年 3 月于上海震旦职业学院

前 言

当数字化技术介入游戏之后，新型游戏终端开始打破传统的界限，出现了页游、网游、手游等游戏形式。这些新形式的出现使游戏业在全球呈方兴未艾之势，游戏制作类岗位需求量也与日俱增，而真正具备系统知识和技术技能的游戏制作人才却是供不应求。我们深知，游戏制作类岗位与中高职教育培养的人才最为紧密。所以作为适用于中高职学校的教材，本书更注重以实际操作案例来掌握技术技能，取消了应试型和应赛型作业，学生通过实操掌握了理论知识和技术后再运用到相似案例课业的实操中。

全书遵循职业教育的规律，按照由道具到场景物件的设计思路，由易到难地编排了游戏武器模型制作、游戏武器 UV 制作、游戏武器材质制作、游戏场景物件模型制作、游戏场景物件 UV 制作和游戏场景物件材质制作六章。其中，前一至三章为一个完整的游戏武器制作案例，后四至六章为一个完整的游戏场景物件制作案例。其由易到难不仅体现在模型造型的复杂程度上，还体现在其材质的多样性和材质贴图的颜色绘制上。从风格上看，既涉及了写实风格又涉及了卡通风格；从材质类型上看，涉及了金属、木头、石头、布料等游戏中的常用材质。每章前有概述引导读者抓住重点进行学习，并以案例及其要求形象地展示出来。每章后有课堂讨论、小结和练习题，帮助读者复习巩固，进一步加深对所学内容的理解和掌握。

本书在教学中可安排 34 课时（含上机），建议课时分配如下：

序号	内容	课时
1	第1章 游戏武器模型制作	5
2	第2章 游戏武器 UV 制作	3
3	第3章 游戏武器材质制作	7
4	第4章 游戏场景物件模型制作	6
5	第5章 游戏场景物件 UV 制作	5
6	第6章 游戏场景物件材质制作	8
合计		34

本书配有多媒体课件，包含了案例的视频制作过程和全部素材。读者使用课件，配合书中的讲解可达到事半功倍的效果。可查阅邮箱：teacherTian_t@126.com。

　　本书编著者从事高职教学十余年，积累了较为丰富的教学经验和素材，能够了解高职艺术生的学习特点与习惯，善于把握学生的特性因材施教，也多次参加高职教育教学改革项目及"产学研"践习项目，获得了一些成果与赞许。本书在写作时力求结构创新和形式多样化，在展示案例及其要求后对每章所包含的理论与技能知识点全面罗列，并在对相关理论知识点做适当解释说明后开始详细解析案例制作，案例制作完成后通过小组讨论总结出案例制作流程、方法、技术和标量，再运用到相似案例课业的制作中，并按照市场标准评价是否合格，最终合格才可进行成果汇报。本书案例安排合理、实用性强，主要用于各类中高职业院校游戏设计及数字媒体艺术设计专业的教学用书，也可作为培训学校的培训教程，还可作为游戏制作人员的辅助参考书。

　　在写作过程中，作者研读了大量的书籍和期刊，参考了国内外著名游戏公司的成功案例；同时得到了上海龙之谷科技有限公司领导的关心及关注，请教了该公司的专业技术人员和上海博思堂职业技能培训学校的教学经理与资深培训讲师；本书部分内容也得到了学生徐斯扬和沙正巧等同学的积极协助。在此，对他们的大力支持一并表示衷心的感谢和真诚的谢意。由于时间仓促，加之作者水平和工作经验有限，书中难免有疏漏和不当之处，敬请广大读者批评斧正。

田甜

2020 年 9 月 12 日

目录

第1章
游戏武器模型制作

教学要求

教学时间：5 课时

学习目标：培养学生运用软件制作游戏场景的兴趣。学生能描述三维游戏手绘武器
　　　　　模型的制作流程与方法；了解 3DMax 制作低模的技术和标量。能根据
　　　　　游戏原画，利用 3DMax 制作三维游戏手绘武器模型。

教学重点：培养学生运用软件制作游戏场景的兴趣。学生能描述三维游戏手绘武器
　　　　　模型的制作流程与方法；了解 3DMax 制作低模的技术。能根据游戏原画，
　　　　　利用 3DMax 制作三维游戏手绘武器模型。

教学难点：了解 3DMax 制作低模的标量。

讲授内容：三维游戏手绘武器模型制作。

在制作三维游戏手绘武器模型之前，首先需要理解透视和光影两类美术基础知识以及游戏原画和模型种类概念两类游戏美术制作基础知识，以便在以后的学习或工作中有一个清晰的思路。通过制作三维游戏手绘武器模型来了解低模制作的技术和标量。通过制作，学习 3DMax 制作模型。在这基础上，让学生能描述三维游戏手绘武器模型的制作流程与方法。

与案例相关的知识与技能

———————— 案例 1 游戏斧子模型制作 ————————

图 1-1 游戏原画

学习要求：根据游戏原画（图 1-1）制作模型。

（1）模型面数：90 左右三角面。

（2）时间：3 课时。

理论知识要点

透视：通过一层透明平面即画面去观察、研究透视图形的发生原理、变化规律和图形画法，最终使三维景物的立体空间形状落在二维平面上。

透视变化规律：由于人的眼睛特殊的生理结构和视觉功能，任何一个客观物体在人的视野中都具有近大远小和近长远短的变化规律，同时人与物之间由于空气对光线的阻隔，还具有近清晰远模糊和近偏暖远偏冷的变化规律。

透视类型：根据透视变化规律，透视可分为形体透视和空气透视两类。

形体透视：亦称几何透视，分为平行透视、成角透视、倾斜透视和圆形透视四种。

成角透视：亦称两点透视，一个立方体任何一个面均不与画面平行即与画面形成一定角度，但是它垂直于画面底平线，其透视变线后消失在视平线两边的余点上。

视平线：是与人眼等高的一条水平线。

余点：在视平线上，除心点、距点以外的其他点。

心点：在视平线上，人眼正对着的一个点。

距点：将视距的长度反映在视平线上即在心点左右两边得到的两个点。

视距：视点到心点的垂直距离。

视点：人眼睛所在的位置。

透视图：将看到的或设想的物体，依照透视变化规律在某媒介物上表现出来，所得到的图。

平面图：物体在平面上形成的痕迹。

游戏原画：游戏制作前期的一个重要环节，是指根据策划的文案设计出整部游戏的美术方案，为后期的模型、特效等游戏美术制作提供标准和依据。分为概念类原画和制作类原画两种。

模型类型：一体模和穿插模两类。

一体模：整个模型为一个模型，该类模型节约 UV 排版空间但不容易展平 UV。

穿插模：整个模型有大于一个的模型穿插在一起拼接而成，该模型容易展平 UV 但浪费 UV 排版空间，因此穿插后看不到的面尽可能小。

模型布线：根据模型结构布线，其线型为网格状。

模型面形状：只能为三边面和四边面，不能有四边以上的面；扭曲和三个点在同一条直线上的四边面需要连其中两点成线，将四边面分割成两个三边面。

法向：法线的方向。在三维软件中，引用了法向的概念，使面具有了方向，即正面和反面，其表现为正面显示材质球的材质，反面不显示呈黑色。

技能知识要点

创建和编辑 Plane、创建和编辑 Cylinder、创建和编辑 line、转换为多边形、归心模型坐标、对齐、缩放工具、移动工具、加点、连线、制作面片厚度、塌陷挤压、变形、光滑组、合并模型、检测法向、冻结模型、添加 Diffuse 通道贴图、赋予和显示模型材质、导出 OBJ 格式文件。

1.1 分析原画

1. 原画风格、类型和内容

这张原画的类型为制作类原画，其中具有剪影式的平面图和成45度角的透视图。

2. 斧子结构

（1）斧子由两部分组成，分别为斧头和斧柄。为达到项目对模型面数的要求，可将斧子模型做成与斧子组成部分相对应的两个一体模，拼接在一起形成完整的斧头。

（2）根据原画中的平面图可看出斧头形状与普通斧头形状基本一样，但斧刃上有大小不一的缺口，斧面上有几何形凹槽和花纹。为达到项目对模型面数的要求，斧头模型只需做出其剪影。因此，缺口和花纹都不需制作出来，直接用手绘方式绘制出来即可。

（3）根据原画中的成角透视图可看出斧柄基本为圆柱体，但上面有两截凸起的结构、带凹槽竖纹的凹面和绑带。为达到项目对模型面数的要求，斧柄模型也只需做出其剪影。因此，除斧柄下端的凸起引起了明显的形变需要制作出来，其它如凸起小结构、带凹槽竖纹的凹面和绑带都可以手绘方式绘制出来。甚至圆柱体斧柄都可用四棱柱制作，运用手绘将四棱柱绘制成圆柱。

3. 斧子界线表现

根据原画中的成角透视图可看出斧头的基本为立方体，每块相互垂直的面和2块斧刃都有明显的棱角结构，其斧面与斧刃也有明显的边界线。斧柄基本为圆柱体，但在凸起部位有明显的界线。这些明显的界线都须用不同的光滑组来表现其硬边效果。

1.2 制作原画参考

1. 创建原画参考面片

（1）启动英文版 3DMax 2010 并使用看图软件（建议 ACDSee 或 2345 看图王）同时打开原画作为参考。

图 1-2

（2）选择 Create 中 Geometry 的 Plane，在前视图建一个面片。调整大小为原画相同比例，即 Length 为 5.51m，Width 为 12.0m，调整面片分割数 length segs 为 1，width segs 为 1，如图 1-2 所示。

2.赋予面片材质

（1）按快捷键 Alt+w 单面显示工作界面。

（2）按键盘 M，在跳出的 Material Editor 窗口中选择一个空白的材质球，点击 Diffuse 右边的小方块。双击跳出的 Material/Map Browser 窗口中第一个 Bitmap 选项。找到原画 "fuzi_01" 并打开。

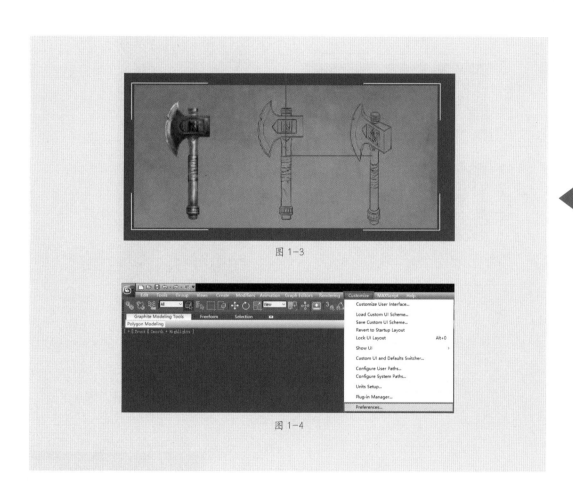

图 1-3

图 1-4

（3）在面片选中的情况下点击 Assign Material to Selection █ 给面片赋予材质球，点击 Show Standard Map in Viewport █ 打开材质显示，如图 1-3 所示。如果依然无法显示则按下 F3 就会显示。

（4）如图 1-4 所示点击菜单栏 Customize 中的 Preferences 命令打开 Preference

Settings 窗口。如图 1-5 所示选择 Viewports 中的 Configure Driver… 按钮。勾选 Enable Antialiased Lines in Wireframe Views，点击 Background Texture Size 中的 1024 按钮，并勾选 Match Bitmap Size as Closely as Possible，点击 Download Texture Size 中的 512 按钮，并勾选 Match Bitmap Size as Closely as Possible，点击 OK 调整材质贴图显示精度，如图 1-6 所示。

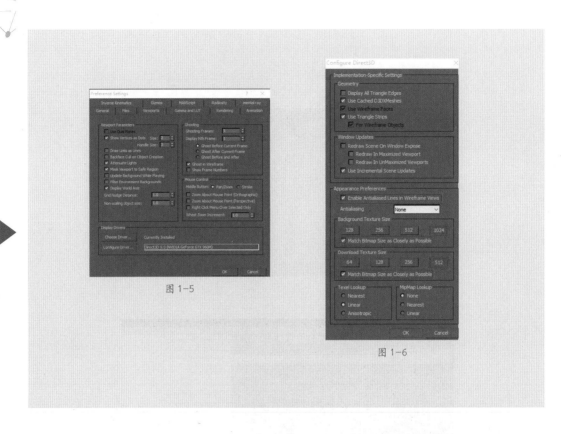

图 1-5

图 1-6

3. 冻结原画参考面片

（1）点击移动工具选择绿色 Y 轴箭头往后移一定距离，给模型制作留出空间，如图 1-7 所示。

图 1-7

（2）如图 1-8 所示在面片选中的情况下右键选择 Object Properties…。在跳出的 object properties 窗口中不勾选 Show Frozen in Gray，点击 OK 使面片在冻结时依然显示材质贴图，如图 1-9 所示。在面片选中情况下，右键选择 Freeze Selection 冻结面片，如图 1-10 所示。

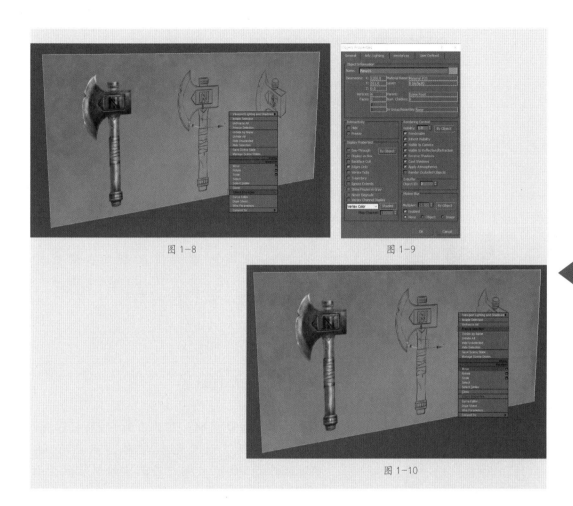

图 1-8

图 1-9

图 1-10

1.3 制作斧头

1. 创建斧头基础形

（1）选择 Create 中 Shape 的 line，根据原画在斧头转折点画四个点并在跳出的 Spline 窗口中选"是"制作封闭曲线，如图 1-11 所示。注意在创建第二个点后需按住键盘 Shift 键创建第三个点才会形成一条竖直的线。

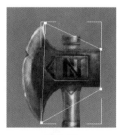

图 1-11

（2）按键盘的数字1进入点编辑模式，点击Refine按钮在左边三根线上各加一个点后右键点击退出加点命令，如图1-12所示。选择刚才加的点，使用移动工具调整斧头的外形与原画相似，如图1-13所示。继续在左边的四条边中各加一个点，调整点的位置使其与原画一致并均匀分布，如图1-14所示。

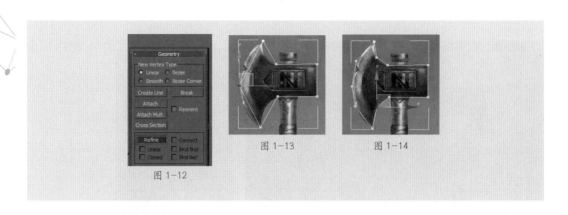

图1-12　　　　图1-13　　　　图1-14

图1-15

（3）在线选中的情况下，右键选择Convert to: 中的Convert to Editable Poly命令使线变成面片，如1-15所示。

2. 清晰显示模型结构

图1-16

（1）按键盘M，在跳出的Material Editor窗口中选择1个灰色材质球，点击Assign Material to Selection按钮将选中的材质赋予面片。

（2）点击显示Line01的框旁边的颜色方框，在跳出的Object Color窗口中选择黑色并点击OK将模型边框颜色改成黑色，如1-16所示。

3. 圆滑斧刃形状

图1-17

（1）按快捷键Alt+X将模型变成半透明状，如图1-17所示。

（2）如图 1-18 所示按键盘的数字 1 进入点编辑模式。选择斧刃附近的两点按 Ctrl+Shift+E 连线，如图 1-19 所示。

图 1-18

（3）按键盘的数字 2 进入线编辑模式，如图 1-20 所示。如图 1-21 所示点击 Insert Vertex 按钮在刚才加的线上加一个点，右键退出加点命令后使用移动工具调整点的位置于斧刃处，如图 1-22 所示。

图 1-19

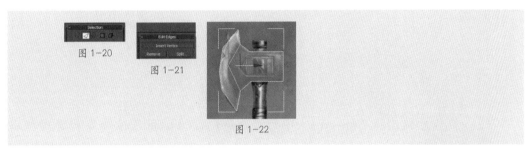

图 1-20　　图 1-21

图 1-22

（4）参照原画的斧刃弧度，继续加两个点调整其位置使斧刃变圆滑，如图 1-23 所示。

4. 整理模型线

图 1-23

009

（1）由于在游戏中运行的模型都是三边面的，所以为了不让自动生成的三边面将模型产生形变则需选择斧刃上的点进行连线将一块多边形分割成四个没有三点在同一条直线上、其中一个角大于 180 度和在三维空间中没有翻折的四边形，如图 1-24 所示。

图 1-24

（2）选择除斧刃以外部分的点进行连线将一块多边形分割成五块三边面和一块四边面，如图 1-25 所示。

（3）在下面斧刃处加一个点，选点连线将一个多边面变成一个三角面和一个四边面，并将点进行匀称调整，如图 1-26，1-27 所示。

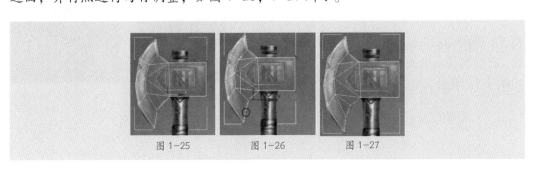

图 1-25　　　　图 1-26　　　　图 1-27

5. 制作斧头厚度

（1）按键盘的数字 6 进入物体模式，选择显示 Modifier List 框后边的向下箭头按钮，如图 1-28 所示在下拉菜单中选择 Shell 选项。调整 Inner Amount 为 1.0m 制作出面片的厚度，如图 1-29 所示。

图 1-29

图 1-28

（2）然后右键选择 Convert to: 中的 Convert to Editable Poly 命令将其转换成 Poly，如图 1-30 所示。

（3）按键盘 R 选择绿色 Y 轴杠杆，按照原画调整斧头宽度，如图 1-31 所示。

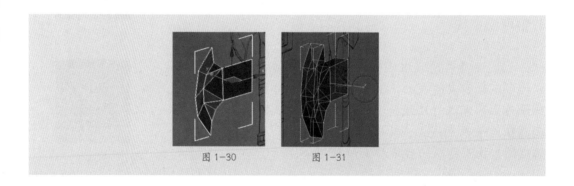

图 1-30　　　　图 1-31

6. 制作斧刃

从原画中可看出 2 块斧刃之间只有一条线连接，所以点击键盘的数字 2 进入线编辑模式，如图 1-32 示 Shift 选中斧刃上的五根线，右键选择 collapse 命令制作斧刃的刃尖，如图 1-33 所示。

图 1-32

图 1-33

1.4 制作斧柄

1.创建斧柄基础形

（1）选择 Create 中 Geometry 的 Cylinder 拉出一根圆柱体，调整 Height Segments 为 1，Cap Segments 为 1，Sides 为 4，将圆柱体制作成没有分段的四棱柱，如图 1-34 所示。

图 1-34

（2）赋予灰色材质球，线框颜色调整为黑色。

2.调整斧柄位置

（1）从原画可看出斧柄穿插在斧头中，所以选中斧头，选择 Utilities 中的 Reset XForm 后再点击跳出的 Reset Selected 按钮，如图 1-35 所示。

图 1-35

（2）右键选择 Convert to: 中的 Convert to Editable Poly 命令转换成多边形。

（3）选择 Hierarchy 中的 Pivot 按钮，点击 Affect Pivot Only 后点击 Center to Object 将坐标归到模型中心，如图 1-36 所示。

图 1-36

（4）选择斧柄点击对齐工具 再点击斧头。如图 1-37 所示在跳出的 Align Selection 窗口中勾选 X、Y、Z Position 后点击 OK，将斧柄对齐到斧头中心位置。

（5）在前视图中，按照原画使用移动工具移动斧柄位置并调整斧柄圆周和高度与原画一致，如图 1-38，1-39 所示。

图 1-37　　　　图 1-38　　　　图 1-39

3. 制作凸起结构

（1）按键盘的数字2进入线编辑模式，框选斧柄一圈棱边后按快捷键Ctrl+Shift+E连一根线并移动到斧柄下边突出部位的最下面，如图1-40，1-41，1-42所示。继续加一根线移动到最上面，如图1-43所示。

（2）如图1-44所示选择加的两根线中间的一根竖线，如图1-45所示按快捷键Alt+R选中一圈线。按键盘Ctrl的同时点击Polygon，转成面编辑模式，如图1-46所示。

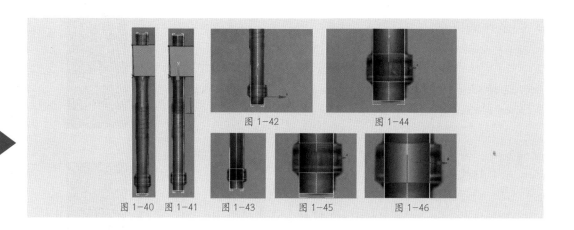

图1-42

图1-44

图1-40 图1-41 图1-43 图1-45 图1-46

（3）点击Extrude右边的小方块，如图1-47所示在跳出的Extrude Polygons窗口中选择Local Normal，并参考原画调整Extrusion Height为0.058m，点击OK制作斧柄凸起部位。

图1-47

（4）选择凸起部位的一根竖线，按快捷键Alt+R选中一圈线，如图1-48所示。按键盘Ctrl的同时点击Vertex转成点编辑模式。使用缩放工具缩小高度使凸起部位形成和原画一样的斜切面，如图1-49所示。

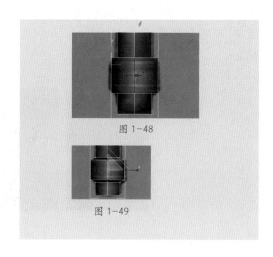

图1-48

图1-49

1.5 调整斧头斧柄整体性

1. 调整斧头整体形

（1）选中斧头，选择显示 Modifier List 框后边的向下箭头按钮，在下拉菜单中选择 FFD 2×2×2 选项，如图 1-50 所示。

图 1-50

（2）按键盘的数字 1 进入点编辑模式。框选斧头后部的四个点使用缩放工具调整绿色 Y 轴，将斧头的后部变宽，如图 1-51 所示。再选择斧头前面的四个点缩放 Y 轴，将斧头的前部变窄，如图 1-52，1-53 所示。

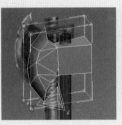

图 1-51　　　　　　图 1-52　　　　　　图 1-53

（3）右键选择 Convert to: 中的 Convert to Editable Poly 命令转换成多边形。

（4）根据原画中斧柄厚度小于斧头厚度，所以选择斧柄，使用缩放工具调整绿色 Y 轴将其变扁，使其不露在斧头外面，如图 1-54 所示。

图 1-54

2. 制作斧子光滑组

（1）按键盘的数字 4 进入面编辑模式，如图 1-55，1-56 所示选择斧头正面和背面斧面共 14 块面。如图 1-57 所示点击 Polygon: Smoothing Groups 中的数字 1，将这 14 块面变为一个平面。

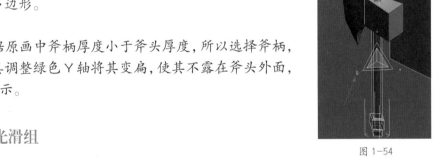

图 1-57

图 1-55　　　　　　图 1-56

（2）原画中，斧刃和斧面有明显界线。所以如图 1-58 所示选择正面斧刃的 4 块面。如图 1-59 所示点击 Polygon：Smoothing Groups 中的数字 2，将这 4 块面变为一个平面并与正面斧面的 7 块面成为两个平面。

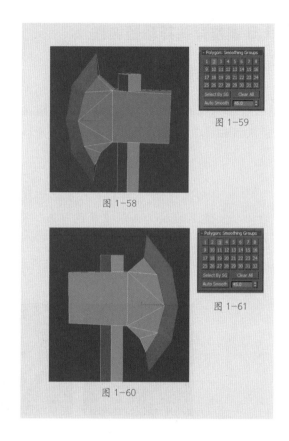

图 1-59

图 1-58

（3）原画中，斧刃刃尖为一条明显的线。如图 1-60 所示选择背面斧刃的 4 块面。如图 1-61 所示点击 Polygon：Smoothing Groups 中的数字 3，将这 4 块面变为一个平面并各与正面斧刃的 4 块面和背面斧面的 4 块面成为两个平面。

图 1-61

图 1-60

（4）根据原画中，斧面斧刃与厚度以及厚度之间都有明显的界线。所以如图 1-62，1-63 所示选择斧头的上下厚度面。点击 Polygon：Smoothing Groups 中的数字 3，将厚度与斧头正背面变成两个平面。

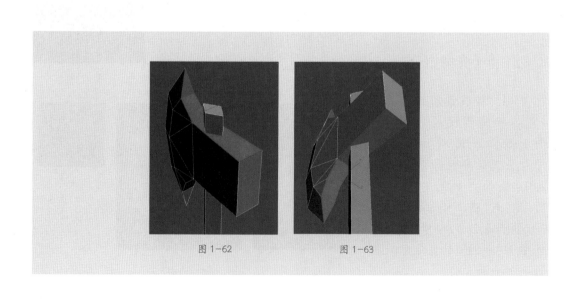

图 1-62   图 1-63

（5）如图 1-64 所示选择与上下厚度垂直的厚度面。点击 Polygon：Smoothing Groups 中的数字 2，将这块面与斧面和上下厚度变成两个平面。

（6）根据原画中的成角透视图可看出斧柄基本为圆柱，所以如图 1-65 所示选择斧柄中三组四棱柱的面共 12 块面。点击 Polygon：Smoothing Groups 中的数字 1，将三组四棱柱的面变成一个平面使其看起来像圆柱。

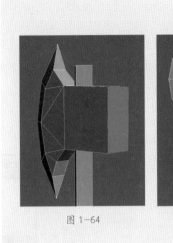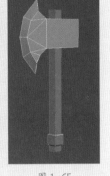

图 1-64　　　　　图 1-65

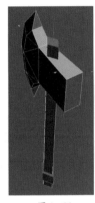

图 1-66　　　　图 1-67

（7）如图 1-66，1-67 所示选择斧柄的顶面、底面以及凸起部位的上下面共 10 块面。点击 Polygon：Smoothing Groups 中的数字 2，将斧柄的顶面、底面以及凸起部位的上下各 4 块面分别变成一个平面并分别与斧柄相连的每组四棱柱面成为两个平面。

1.6 整理模型

1. 合并模型

（1）选择斧头，点击 Attach 按钮后选择斧柄将斧头斧柄合为一体，如图 1-68，1-69 所示。

（2）如图 1-70 所示给模型命名为"fuzi_01"，与原画名一致。

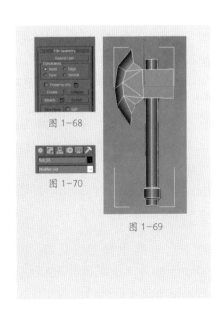

图 1-68

图 1-70

图 1-69

2. 保存模型

如图 1-71 所示点击 Save File 按钮。在跳出的 Save File As 窗口中文件名框里输入"fuzi_01",点击保存,如图 1-72 所示。

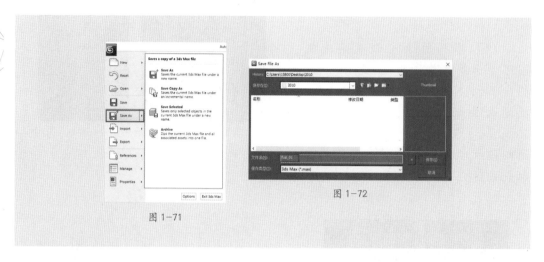

图 1-71

图 1-72

3. 删除原画参考

(1)右键选择 Unfreeze All 命令,如图 1-73 所示。

(2)选择原画参考面片后按键盘 Delete 键删除它,如图 1-74 所示。

图 1-73　　　　图 1-74

4. 赋予模型默认材质球

(1)按键盘 M,如图 1-75 所示在跳出的 Material Editor 窗口中选择 Utilities 🔧 中的 Reset Material Editor Slots 命令将材质球全部清空。

(2)选择第一个材质球并左键长按至模型上再放掉,给模型赋予默认材质球,如图 1-76 所示。

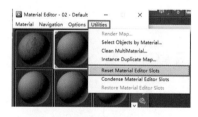

图 1-75

5. 检查法向统一性

(1)选中模型,选择 Utilities 中的 Reset XForm 后再点击跳出的 Reset Selected 按钮,检测模型法向是否统一。

图 1-76

（2）右键选择 Convert to: 中的 Convert to Editable Poly 命令转换成多边形。

6.归零模型位置

（1）选中模型，选择 Hierarchy  中的 Pivot 按钮，点击 Affect Pivot Only 按钮后点击 Center to Object 按钮将模型的坐标归到中心。

（2）点击 Affect Pivot Only 按钮退出模型中心选中模式。选中模型，如图 1-77 所示使用移动工具将模型的 XYZ 都调整为 0，将模型至于坐标原点。

图 1-77

1.7 导出斧子模型

如图 1-78 所示点击 Export 中的 Export Selected 命令。如图 1-79 所示在跳出的 Select File to Export 窗口中输入 fuzi_01，使模型名与原画名一致，并在保存类型下拉菜单中选择 OBJ-Exporter 格式后点击保存按钮。如图 1-80 所示在跳出的 OBJ Export Options 窗口中 Geometry 里的 Faces 下拉菜单中选择 Polygon，Preset 下拉菜单中选择 ZBrush 后点击 Export 按钮。如图 1-81 所示在跳出的 Exporting OBJ 窗口中点击 DONE 按钮，完成 OBJ 格式模型的导出。

图 1-78

图 1-79

图 1-80

图 1-81

课堂讨论（1课时）

（1）斧子模型制作项目的制作步骤有哪些？
（2）斧子模型制作项目每步对应的 3DMax 软件技术是什么？
（3）斧子模型制作项目中模型制作标准是什么？

本章小结

本章通过三维游戏手绘武器模型的制作，学习利用 3DMax 制作模型的功能与技巧，为接下来章中 UV 展开的学习与制作打下了基础。

课后练习

1. 理论知识

（1）原画中有光影的斧子其绘制角度是什么？有何特点？
（2）如何结合光影和透视根据原画分析出斧子的结构？

2. 实训项目

（1）参考本章所讲知识点，根据游戏原画（图 1-82）利用 3DMax 制作斧子模型

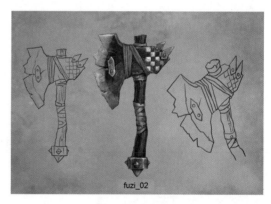

fuzi_02

图 1-82 游戏原画

制作要求：

① 模型面数：160 左右三角面
② 时间：4 小时
③ 提交内容：模型
④ 提交格式：OBJ

（2）制作完成并合格的项目，整理成 PPT 以在课堂上汇报其制作流程、方法、技术和标量（1课时）。

第2章

游戏武器 UV 制作

教学要求

教学时间：3 课时

学习目标：使学生逐渐将兴趣转化为稳定的学习动机。学生能描述三维游戏手绘武器 UV 的制作流程与方法；了解 3DMax 展 UV 的技术和标量。能根据游戏原画，利用 3DMax 展三维游戏手绘武器 UV。

教学重点：学生能描述三维游戏手绘武器 UV 的制作流程与方法；了解 3DMax 展 UV 的技术。能根据游戏原画，利用 3DMax 展三维游戏手绘武器 UV。

教学难点：了解 3DMax 展 UV 的标量。

讲授内容：三维游戏手绘武器 UV 展开。

在制作三维游戏手绘武器 UV 之前，首先需要理解模型 UV 概念这类游戏美术制作基础知识，以便在以后的学习或工作中有一个清晰的思路。通过制作三维游戏手绘武器 UV 来了解 UV 展开的技术和标量。通过制作，学习 3DMax 展 UV。在这基础上，让学生能描述三维游戏手绘武器 UV 的制作流程与方法。

与案例相关的知识与技能

案例 2　游戏斧子 UV 制作

图 2-1　游戏原画

学习要求：根据游戏原画（图 2-1）展 UV。

（1）UV 大小及张数：128px×128px×1。

（2）时间：3 课时。

理论知识要点

UV：通常称 UV 纹理贴图坐标，可理解为立体模型的皮肤，将皮肤展开然后进行二维平面上的绘制并赋予物体。

UV 坐标：和空间模型的 XYZ 轴类似，UV 定义了图片上每个点的位置的信息，这些点与 3D 模型是相互联系的，以决定表面纹理贴图的位置。

UV 纹理贴图：UV 将图像上每一个点精确对应到模型物体的表面，而点与点之间的间隙位置由软件进行图像光滑插值处理形成纹理贴图。

UV 大小：大小尽量保持一致，细节较多或主要的 UV 可加大至 1.3 倍，因此按主次排列，主要的 UV 大于次要的 UV 大于看不见的 UV。

UV 形状：UV 形状尽量在首先保证 UV 完整性的前提下不要拉伸和变形，如需拉伸和变形则应出现在看不到或不重要的地方，如其它地方拉伸和变形则可断开一边的 UV 线。

UV 接缝：接缝尽可能藏在边界、暗面或看不见的地方）

UV 排版：UV 线和边线要尽可能拉直，UV 要撑满整个渲染方框，UV 与 UV 之间不要有太多的空余空间，相同信息的 UV 面尽量共用）

法向

技能知识要点

检测法向、转换为多边形、拆分模型、归心模型坐标、删除面、设置 UV 编辑参数、添加 Diffuse 通道贴图、赋予和显示模型材质、创建与编辑 Checker 材质、平面拍 UV、不变形展 UV、松弛 UV、断 UV 线、合并 UV 线、缩放工具、移动工具、旋转工具、对齐、镜像、合并模型、合并点、导出 OBJ 格式文件、导出 UV 线框图。

2.1 分析原画

1. 展 UV

（1）这张原画中具有材质和花纹信息的只有看得到正面的平面图，因此背面的材质和花纹信息则默认为与前面一样。所以 UV 展开斧头正面部分，再镜像为背面即可；斧柄展开 UV 的正面，再旋转复制为背面即可。

（2）原画中每块相互垂直和斜切的面都有明显的边界线，这些边界线在 UV 发生不能被接受的变形时需适当断开。断开时，优先考虑不容易看到或在暗面的边界线。

2. 排版 UV

原画中材质和花纹信息一样的 UV 面可共用。从原画平面图可看出斧柄凸起结构上有花纹，则可在 UV 排版空间允许的情况下最多放大至 1.3 倍。

2.2 准备展 UV

1. 检查法向一致性

（1）选中模型，选择 Utilities ✎ 中的 Reset XForm 后再点击跳出的 Reset Selected 按钮检查法向是否一致。

（2）选中模型后右键选择 Convert to: 中的 Convert to Editable Poly 命令转换成
多边形。

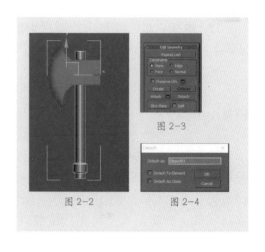

图 2-3

图 2-2　　　　图 2-4

2. 拆分模型

按键盘的数字 5 进入体编辑模式。如
图 2-2 所示在选中斧头的情况下，如图 2-3，
2-4 所示点击 Detach 把斧头分离出去，即
形成斧头和斧柄两个一体模。

图 2-5

3. 归心一体模坐标

选中斧头和斧柄，选择 Hierarchy 中的 Pivot 按钮，
点击 Affect Pivot Only 后点击 Center to Object 将坐标归
到模型中心，如图 2-5 所示。

4. 删除共用面

按键盘的数字 4 进
入面编辑模式，如图 2-6
所示选择斧头与前面颜
色、材质和装饰信息一
样的 11 块背面面。按键
盘 Delete 键删除面。用
同样方法删除斧柄 10 块
背面面，如图 2-7，2-8
所示。

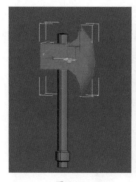
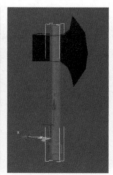
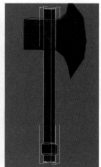

图 2-6　　　　图 2-7　　　　图 2-8

三维游戏场景制作入门教程

5. 调出展 UV 按钮

如图 2-9 所示勾选 Configure Modifier Sets ▣ 中的 Show Buttons 调出按钮。如图 2-10 所示点击 Configure Modifier Sets 中的 Configure Modifier Sets。如图 2-11 所示在弹出的 Configure Modifier Sets 窗口中左键选择长按 Unwrap UVW 拖入右边的空白按钮中，点击 OK。调出 UV 编辑按钮，如图 2-12 所示。

图 2-9　　　　　　　　图 2-10

2.3 拆分斧头 UV

1. 设置 UV 编辑参数

（1）选中斧头，不可同时选中斧头和斧柄或其中点线面等元素。点击 Unwrap UVW 一次，不可多次。

（2）如图 2-13 所示点击 Edit... 按钮。如图 2-14 所示在跳出的 Edit UVWs 窗口中选择菜单栏 Options 中的 Preferences... 命令。如图 2-15 所示在跳出的 Unwrap Options 窗口中不勾选 Show Grid 关闭网格框。如图 2-16 所示点击 Background Color 下的色块，在跳出的 Color Selection Background Color 窗口中调节颜色深浅已能看清模型线。如图 2-17 所示调整 Display Preferences 中 Render Width 和 Render Height 都为 128，在精度为 128px×128px 的框里编辑 UV，点击 OK。

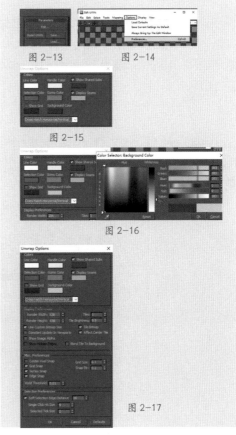

图 2-13　　　　　图 2-14

图 2-15

图 2-16

图 2-17

2. 创建 Checker 材质

（1）按键盘 M，在跳出的 Material Editor 窗口中选择一个空白的材质球，点击 Diffuse 右边的小方块。双击跳出的 Material/Map Browser 窗口中点击 Checker 选项，点击 OK 将棋盘格赋到材质球上，如图 2-18 所示。

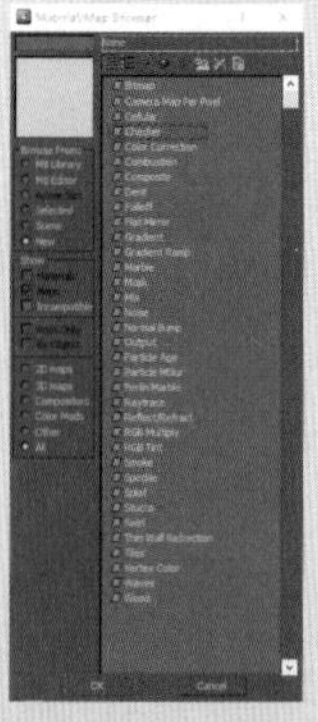

（2）点击 Material Editor 窗口中的 Assign Material to Selection 按钮给斧头面片赋予材质球，点击 Show Standard Map in Viewport 打开材质显示。

（3）调整 Tiling 中 U 为 30，V 为 30 将贴图重复变多，如图 2-19 所示。

3. 拆分 UV

（1）不选中 Show Map 按钮以关闭贴图，如图 2-20 所示。

（2）按快捷键 Ctrl+Alt+ 鼠标中键滑动视图全选斧头 UV，使用缩放工具缩放为合适的大小。点击 Planar 按钮后再点击 Align Y 按钮。点击 Planar 取消按钮选中，如图 2-21 所示。

（3）如图 2-22 所示选中整个斧头 UV。如图 2-23 所示点击 Tools 中的 Relax...。在跳出的 Relax Tool 窗口中点击小三角选择 Relax By Face Angles 选项，调整 Iterations 为 1001，Amount 为 1，点击 Apply 一次，如图 2-24 所示。

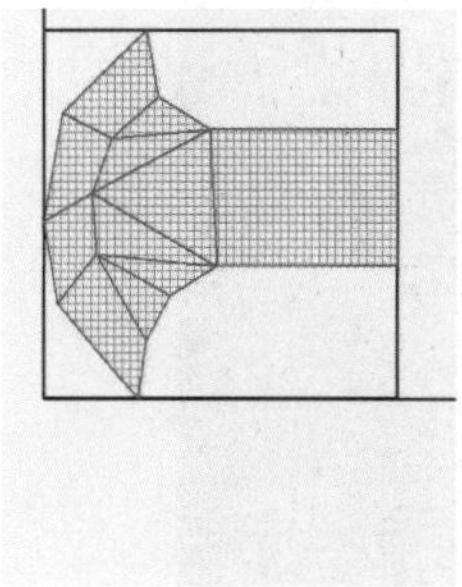

图 2-18

图 2-19

图 2-20

图 2-21

图 2-22　　　　图 2-23

图 2-24

（4）按快捷键 Alt+ 鼠标左键旋转查看斧头上的格子，发现斧面有变形。如图 2-25 所示在 UV 线编辑的模式下，选择斧头后面厚度上的两根界线。如图 2-26 所示右键点击 Break 命令。如图 2-27 所示使选择的线变成绿色表示线已断开。

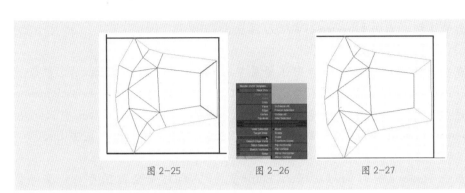

图 2-25　　　　　图 2-26　　　　　图 2-27

（5）如图 2-28 所示选中整个斧头点击 Relax Tool 窗口中的 Apply 一次。如图 2-29 所示使斧头上有花纹的面其上棋盘格基本为正方形，以保证绘制的花纹没有拉伸与扭曲。

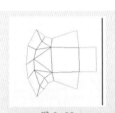

图 2-28

（6）按快捷键 Alt+ 鼠标左键旋转查看斧头上的格子，为了保证模型接缝少则只表现体积与质感且在游戏中有些看不到的厚度，其上棋盘格出现的一点扭曲可被允许而不再断线以保留 UV 的整体性，如图 2-30，2-31 所示。

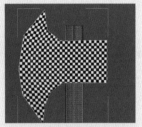

图 2-29

（7）选中整个斧头的 UV 使用移动工具拖到方块外面，如图 2-32 所示。

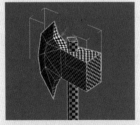

图 2-30

（8）选中斧头，右键选择 Convert to: 中的 Convert to Editable Poly 命令转换成多边形。

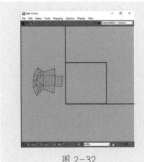

图 2-32

图 2-31

2.4 拆分斧柄 UV

1. 设置 UV 编辑参数

（1）选中斧柄，点击 Unwrap UVW 后再点击 Edit...。

（2）在跳出的 Edit UVWs 窗口中选择菜单栏 Options 中的 Preferences... 命令。在跳出的 Unwrap Options 窗口中不勾选 Show Grid 关闭网格框。点击 Background Color 下的色块，调节颜色深浅已能看清模型线。调整 Display Preferences 中 Render Width 和 Render Height 都为 128，制作精度为 128px×128px 的贴图，点击 OK。

（3）点击 Options 中的 Save Current Settings As Default 命令以保存 UV 编辑参数值，如图 2-33 所示。

图 2-33

2. 拆分 UV

（1）在选中斧柄的情况下选中 Checker 材质球，点击 Material Editor 窗口中选择有 Checker 贴图的材质球，点击 Assign Material to Selection 按钮给选中的模型赋予棋盘格材质。

（2）点击 Unwrap UVW 一次，点击 Parameters 中的 Edit... 按钮。在跳出的 Edit UVWs 窗口中不选中 Show Map 按钮以关闭贴图。

（3）按快捷键 Ctrl+Alt+ 鼠标中键滑动视图，直至看到斧柄的所有 UV。在 UV 面编辑的模式下，如图 2-34 所示选中斧柄底面与顶面 UV 使用移动工具拖到方块外面。

（4）如图 2-35 所示，选中除底面与顶面外的所有斧柄 UV 面。如图 2-36 所示选择 Mapping 中的 Ubfold Mapping... 命令。如图 2-37 所示在跳出的 Unfold Mapping 窗口中点击 OK 按钮。

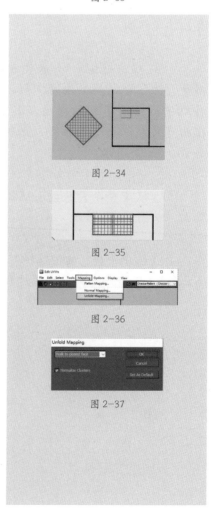

图 2-34

图 2-35

图 2-36

图 2-37

（5）这种拍平方式会为了保证棋盘格为正方形而断线，如图 2-38 所示。但为了保持 UV 的整体性则选中斧柄中间被断开的上面和下面各一根绿线，如图 2-39 所示。右键选择 Stitch Selected 命令将断开的绿线合为一根灰线，如图 2-40 所示。

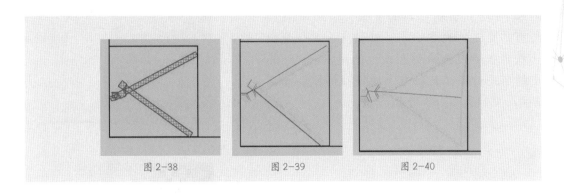

图 2-38　　　　　　图 2-39　　　　　　图 2-40

（6）选中除底面与顶面外的所有斧柄 UV 面，点击 Tools 中的 Relax...，在跳出的 Relax Tool 窗口中点击小三角选择 Relax By Face Angles 选项，调整 Iterations 为 1001，Amount 为 1，点击 Apply 一次，如图 2-41 所示展好的 UV 面基本与模型一样。

图 2-41

（7）如图 2-42 所示点击 Edit UVWs 中选中斧柄凸起部位上面的 2 个点。如图 2-43 所示点击 Align Tools 中的垂直对齐工具。如图 2-44 所示将选中两点的连线在竖直方向拉直。

（8）如图 2-45 所示选择除上述 2 个点以外的点。如图 2-46 所示点击 Relax Tool 窗口中的 Apply 一次将所有竖线拉成竖直线。

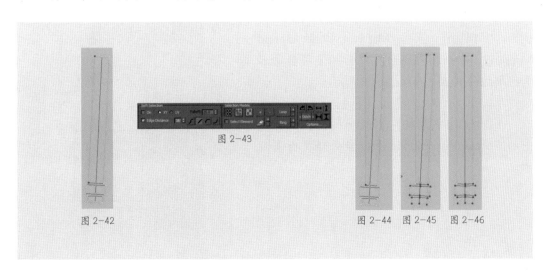

图 2-43

图 2-42　　　　　　　　　　图 2-44　图 2-45　图 2-46

（9）为方便 UV 的排版、空间的最大利用和 PS 绘制出精度高的直线，将所有在模型上是直线的线都拉直。以横线为单位依次选择不直横线上的所有点，使用 Align Tools 中的水平对齐工具拉直点所连成的线，如图 2-47，2-48，2-49 所示。

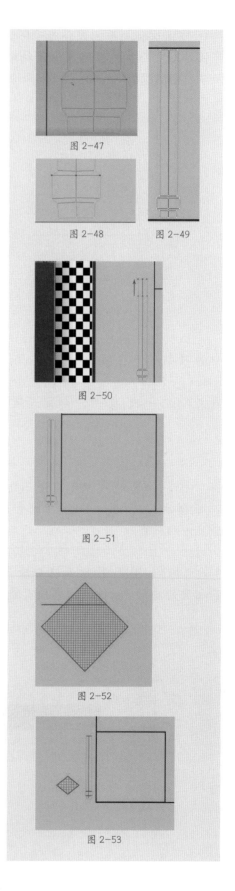

图 2-47

图 2-48　　　图 2-49

（10）选择斧柄横向上的点使用移动工具按住键盘 Shift 键上下移动，以达到斧柄上的棋盘格为正方形，如图 2-50 所示。

图 2-50

（11）选中展好的斧柄 UV 面使用移动工具拖到方块外面，如图 2-51 所示。

图 2-51

（12）如图 2-52 所示选中斧柄的底面与顶面。点击 Mapping 中的 Unfold Mapping... 命令拍平底面与顶面并使用移动工具拖到方块外面，如图 2-53 所示。

图 2-52

（13）选中斧柄，右键选择 Convert to: 中的 Convert to Editable Poly 命令转换成多边形。

图 2-53

三维游戏场景制作入门教程

2.5 整理模型

1.填补斧头共用破面

（1）选中斧头，如图2-54所示点击Mirror按钮。在跳出的Mirror：World Coor...窗口中的Mirror Axis中选择Y轴，Clone Selection中选择Copy，点击OK镜像出斧头，如图2-55所示。其UV面会与被镜像斧头的UV面自行共用。

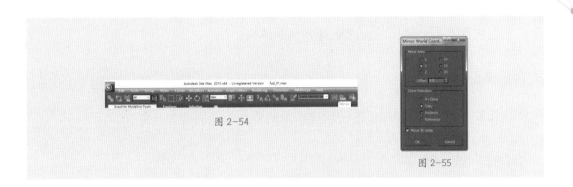

图2-54

图2-55

（2）选择Polygon按钮，进入面编辑模式。选择与原始斧头重叠的厚度面，如图2-56所示。按键盘Delete键删除掉，如图2-57所示。

图2-56

图2-57

（3）选择原始斧头，点击Attach按钮后选择镜像的斧头。将两片合为一体，如图2-58所示。

图2-58

（4）按键盘的数字1进入点编辑模式，框选斧头上所有点，点击Weld按钮旁边的小方块，如图2-59所示。在跳出的Weld Vertices窗口中调整Weld Threshold为0.78后点击OK合并所有重叠点，如图2-60所示。

图2-59

图2-60

（5）如图2-69所示按键盘的数字3进入边界编辑模式。框选斧头检查有无红框，以确保斧头为没有红线框的封闭模型，如图2-61所示。

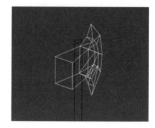

图 2-61

2.填补斧柄共用破面

使用整理斧头一体模的方法整理斧柄一体模。

3.合并模型

选择斧头，点击 Attach 按钮后选择斧柄将斧头斧柄合为一体。

4.检查法向统一性

（1）选择 Utilities 中的 Reset XForm 后再点击跳出的 Reset Selected 按钮，检测模型法向是否统一。

（2）右键选择 Convert to: 中的 Convert to Editable Poly 命令转换成多边形。

2.6 排版斧子 UV

1.调整模型 UV 大小

（1）点击 Unwrap UVW 按钮，再点击 Edit... 按钮，选中斧子，如图2-62所示在 Edit UVWs 窗口中按快捷键 Ctrl+Alt+ 左键调整 UV 工作区域大小以能显示斧子的所有 UV。

（2）如图 2-63 所示选择斧柄。使用缩放工具缩放斧柄 UV 大小将其棋盘格大小调整至斧头棋盘格大小一致，如图2-64，2-65所示。选择斧柄的底面与顶面，使用缩放工具缩放至于其他斧柄面棋盘格大小一致为止，如图2-66所示。

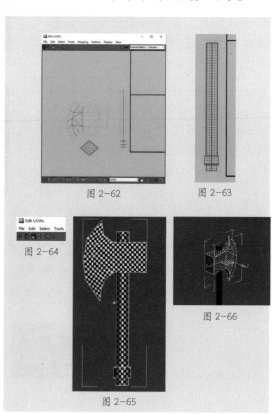

图 2-62　　图 2-63

图 2-64

图 2-66

图 2-65

2. 排版 UV

（1）选择斧头使用移动工具拖到可渲染出 UV 图的方块内。

（2）由于已经没有空间放置斧柄，所以如图 2-67 所示框选斧头与斧柄 UV 面缩放至能正好放下所有斧头 UV 和与斧柄窄的部分一样宽的部分斧柄 UV。

（3）选择斧柄下半部分至凸起部位最高线的所有面。右键点击 Break 命令，将斧柄于出现接缝也不会看出来的结构线位置断成两部分，如图 2-68 所示。

（4）由于斧柄被断开的长的部分没有复杂花纹，所以如图 2-69 所示可以分别选择上面和下面线上的点，使用移动工具按住键盘 Shift 键上下移动至方块内。产生的 1.2 倍拉伸并不会影响体积与质感的表达，反而能增加整个斧柄贴图的精度，如图 2-70 所示。

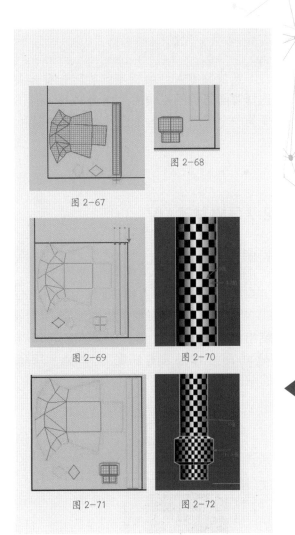

图 2-67

图 2-68

图 2-69

图 2-70

图 2-71

图 2-72

（5）由于斧柄被断开的短的部分花纹较为复杂，所以如图 2-71，2-72 所示可以选择这部分面使用缩放工具缩放至棋盘格为斧柄其他部位棋盘格的 1.3 倍，使其有更高的精度进行花纹绘制。

（6）选择斧柄的底面与顶面，使用移动工具拖到空白的位置。

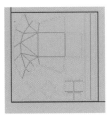

图 2-73

（7）调整所有 UV 位置，使 UV 与蓝色方块上下左右边保持一定距离，每块 UV 之间保持一定距离，如图 2-73 所示。

3. 整理斧子光滑组

按快捷键 Alt+ 鼠标左键旋转查看斧头上的格子，发现斧刃的刃尖没有硬边效果。选择背面斧刃的 4 块面。点击 Polygon：Smoothing Groups 中的数字 3，将这 4 块面变为一个平面并各与正面斧刃的 4 块面和背面斧面的 4 块面成为两个平面。

2.7 导出斧子 UV

1. 调整 UV 精度

如图 2-74 所示选择 Tools 中的 Render UVWs Template... 命令。如图 2-75 所示在跳出的 Render UVs 窗口中调整 Length 和 Width 都为 128，制作精度为 128px × 128px 的贴图。

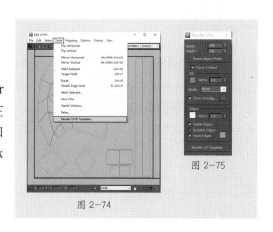

图 2-74

图 2-75

图 2-76

2. 导出 UV

点击 Render UV Template 按钮。如图 2-76 所示在跳出的 Render Map 窗口中点击 Save Image 按钮。在跳出的 Save Image 窗口中输入 fuzi_01-UV，在保存类型下拉菜单中选择 Target Image File 格式后，点击保存按钮导出模型 UV 图，如图 2-77 所示。

图 2-77

2.8 导出斧子模型

点击 Export 中的 Export Selected 命令，在跳出的 Select File to Export 窗口中输入 fuzi_01，使模型名与原画名一致。在保存类型下拉菜单中选择 OBJ-Exporter 格式后点击保存按钮。如图 2-78 所示在跳出的 Select to Export 窗口中点击"是"按钮。在跳出的 OBJ Export Options 窗口中 Geometry 里的 Faces 下拉菜单中选择 Polygon，Preset 下拉菜单中选择 ZBrush 后点击 Export 按钮，在跳出的 Exporting OBJ 窗口中点击 DONE 按钮，完成 OBJ 格式模型的导出。

图 2-78

课堂讨论（1 课时）

(1) 斧子 UV 制作项目的制作步骤有哪些?

(2) 斧子 UV 制作项目每步对应的 3DMax 软件技术是什么?

(3) 斧子 UV 制作项目中 UV 制作标准是什么?

本章小结

本章通过游戏三维手绘武器 UV 的制作，学习利用 3DMax 展 UV 的功能与技巧，为接下来章中材质的学习与制作打下了基础。

课后练习

1. 理论知识

UV 和模型是什么关系?

2. 实训项目

(1) 参考本章所讲知识点，根据游戏原画（图 2-79）利用 3DMax 制作斧子 UV。

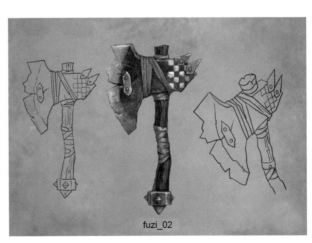

fuzi_02

图 2-79 游戏原画

制作要求：

　①贴图大小及张数：128px×128px×1

　②时间：4小时

　③提交内容：模型和UV渲染图

　④提交格式：OBJ和TGA

（2）制作完成并合格的项目，整理成PPT以在课堂上汇报其制作流程、方法、技术和标量（1课时）。

第3章
游戏武器材质制作

教学要求

教学时间：7 课时

学习目标：形成稳定的学习动机。学生能描述三维游戏手绘武器材质的制作流程与
方法；了解 3DMax 制作材质的技术和标量；了解 PS 与 BP 绘制黑白贴
图的技术和标量。能根据游戏原画，利用 3DMax 制作材质，利用 PS 和
BP 绘制三维游戏手绘武器的黑白贴图。

教学重点：学生能描述三维游戏手绘武器材质的制作流程与方法；了解 3DMax 制
作材质的技术。

教学难点：了解 3DMax 制作材质的标量；了解 PS 与 BP 绘制黑白贴图的标量。能
根据游戏原画，利用 PS 和 BP 绘制三维游戏手绘武器的黑白贴图。

讲授内容：三维游戏手绘武器材质制作。

在制作三维游戏手绘武器材质之前，首先需要理解透视和光影两类美术基础知识，以便在以后的学习或工作中有一个清晰的思路。通过制作三维游戏手绘武器材质来了解黑白贴图与材质制作的技术和标量。通过制作，学习 3DMax 制作材质，PS 和 BP 绘制黑白贴图的功能和技巧。当然，最终的贴图绘制结果取决于制作者的美术功底。在这基础上，让学生能描述三维游戏手绘武器材质的制作流程与方法。

与案例相关的知识与技能

—— 案例 3 游戏斧子材质制作 ——

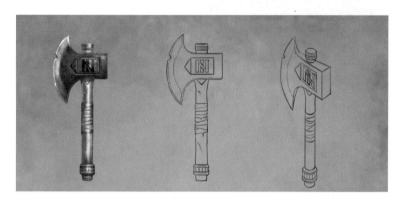

图 3-1 游戏原画

学生要求：根据游戏原画（图 3-1）制作材质。
（1）贴图大小及张数：128px×128px×1。
（2）贴图绘制：写实风格，体积结构明显、光影统一、质感分明。
（3）时间：5 课时。

理论知识要点

空气透视：是指物体的明暗等近清晰远模糊的变化规律，具体表现为近明度高，远明度低。

明度：是眼睛对光源和物体表面明暗程度的感觉，主要是由光线强弱决定的一种视觉经验。一般来说，光线越强，看上去越亮；光线越弱，看上去越暗。

明暗变化因素：光源的强弱、光源与物体各部分远近距离、物体自身的明度、物体各面与光线所成的角度和周围环境的反光强度。

黑白贴图：类似于绘画中的明暗调子素描，运用丰富的明暗色调，比较客观地表现物体在特定光线的照射下，所产生的一系列明暗色调变化）。

三大面：亮面、暗面和灰面。

亮面：亦称白面，正对着光源的面，光线直射亮度较高。

暗面：亦称黑面，背着光线的部分，亮度最暗。

灰面：介于两者之间光线斜射的侧面。

五大调子：亮调子、中间灰调子、明暗交界线、反光和投影。

亮调子：正对着光源的面。

中间灰调子：光线斜照的面。

明暗交界线：亮面与暗面交界的地方与光线平行颜色最深区域。

反光：暗面受周围物体反射光的影响较亮的区域。

投影：物体遮挡光线在背后形成的影子。

游戏光源：光源为天光，即顶部泛光。

游戏光影：永远都是上下光影，即上面的明度高，所以较亮；下面的明度低，所以较暗。朝上的面为亮面，朝下的面为暗面，竖直的面为灰面。

技能知识要点

3dmax：添加 Diffuse 通道贴图、赋予和显示模型材质。

PS：图层叠加模式、选取不规则选区、调整和运用笔刷、调整颜色明度、吸附颜色、表现金属材质、导出 TGA 格式文件。

BP：赋予模型材质、调整和运用笔刷、调整颜色明度、吸附颜色。

3.1 分析原画

1. 绘制风格

这张原画的风格为写实风格，所以贴图的绘制风格可参考原画按照项目制作要求绘制成写实风格。

2. 绘制材质与纹样信息

（1）原画含光影材质信息，由于原画中的光影不统一，所以在绘制贴图时只参考原画绘制黑白贴图。

（2）原画中斧子材质为金属，绑带材质为布料。在绘制贴图时参考原画中斧子的破损、凹坑以及绑带的柔软度等信息。

（3）原画中在斧面斧柄上绘制了花纹和带凹槽竖纹的凹面，绘制贴图时需参考原画表现出来。

3.2 准备画贴图

1. 打开与保存贴图文件

（1）启动 Photoshop CS6 软件，选择菜单栏"文件"中的"打开"命令。在跳出的"打开"窗口中选择名为"fuzi_01-UV"的图，点击"打开"按钮。打开展好的 UV 图，如图 3-2 所示。

（2）双击"背景"图层。在跳出的"新建图层"窗口中"名称"后输入"UV"，点击"确定"。将其转换成普通图层，如图 3-3 所示。

（3）选择菜单栏"文件"中的"存储"命令。在跳出的"存储为"窗口中"文件名"输入"fuzi_01-UV"，点击"保存"按钮保存默认的 PSD 格式文件。

2. 创建衬底图层

（1）如图所示点击"图层"窗口中的"创建新图层"按钮创建一个新图。

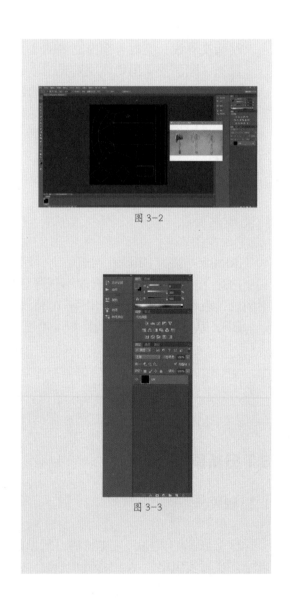

图 3-2

图 3-3

（2）双击"图层1"三个字变成可重命名的输入框后输入"衬底"，按键盘 Enter 键确定，如图 3-4 所示。

（3）左键长按"UV"图层向上移动直至"衬底"图层上出现一条粗线放掉。"UV"图层被移到了"衬底"图层上面，如图 3-5 所示。

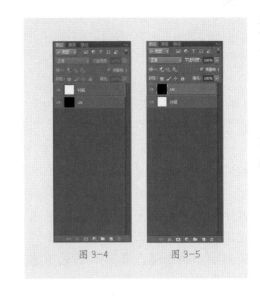

图 3-4　　　图 3-5

（4）选择"UV"图层，点击显示"正常"的按钮，在下拉菜单中选择"滤色"，将图层混合模式进行修改，如图 3-6 所示。

（5）选择"衬底"图层，选择菜单栏"编辑"中的"填充"命令。在跳出的"填充"窗口中"内容"里的"使用"后下拉菜单选择50%灰色，点击"确定"填充颜色，如图 3-7 所示。

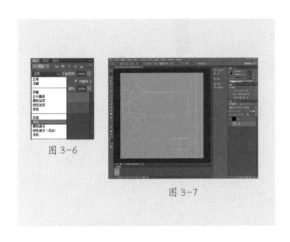

图 3-6

图 3-7

（6）选择"衬底"图层，点击"锁定全部"按钮，将这"衬底"图层锁定。

3. 设置 Photoshop 画笔

（1）选择菜单栏"窗口"中的"画笔"命令。在跳出的"画笔"窗口中"画笔笔尖形状"里选择一个硬度为 100% 的笔刷，调整间距为 12%，如图 3-8 所示。

图 3-8

图 3-9

图 3-10

（2）点击"传递"后设置两个"控制"下拉菜单都为"钢笔压力"，如图 3-9 所示。如果两个"控制"前都显示如图所示的警示图标，安装手绘板驱动后即会消失。点击颜色窗口右边的小三角图标，在隐藏的选项中选择灰度滑块，如图 3-10 所示。

4. 赋予模型材质

（1）在 3DMax 2010 中按键盘 M，在跳出的 Material Editor 窗口中选择一个空白的材质球，点击 Diffuse 右边的小方块，双击跳出的 Material/Map Browser 窗口中第一个 Bitmap 选项。找到 PSD 格式文件"fuzi_01-UV"并打开。

（2）在斧子选中的情况下点击 Assign Material to Selection 给斧子赋予材质球，点击 Show Standard Map in Viewport 打开材质显示。

（3）按键盘的数字 8 调出 Environment and Effects 窗口，点击 Global Lighting 中 Ambient 下的色块。如图 3-11 所示在跳出的 Color Selector：Ambient Light 窗口中将颜色调成白色后点击 OK 以类似于无光的模式显示材质贴图。

图 3-11

5. 设置 BodyPaint 3D 基本参数

启动 BodyPaint 3D R3 软件，如图 3-12 所示选择菜单栏 Edit 中的 Preferences... 命令。在跳出的 Preferences 窗口中检查 Graphic Tablet、Use Hi-Res Coordinates、Realtime Spinner、Realtime Manager Update（During Animation）Recalculate Scene On Rewind 和 Reverse Orbit 有无勾选，如果没有勾选需都勾上，如图 3-13 所示。

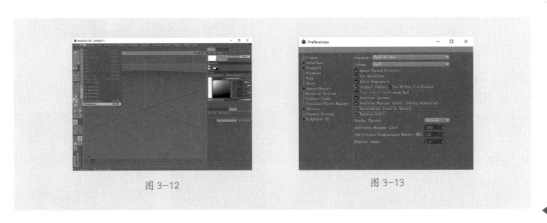

图 3-12   图 3-13

6. 赋予 OBJ 格式模型材质

（1）将名为"fuzi_01"的 OBJ 格式模型直接拖入 BodyPaint 3D R3 软件中。

（2）长按显示 Startup Layout 的图标，在跳出的隐藏选项中选择 BP 3D Paint，如图 3-14 所示。

（3）如图 3-15 所示双击 Materials 窗口中的材质球。如图 3-16 所示在跳出的 Material Editor 窗口中点击 Color 里的 Texture… 后面有三个小点的小方块。如图 3-17 所示在跳出的 Open File 窗口中找到名为"fuzi_01-UV"的 PSD 格式文件，选择后点击"打开"按钮。将模型贴上 PSD 贴图，如图 3-18 所示。

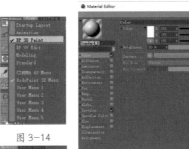

图 3-14

图 3-15

图 3-16

图 3-17

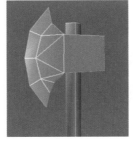

图 3-18

7. 调整 UV 图层透明度

（1）点击 3D 画笔工具进入贴图绘制模式，如图 3-19 所示。

（2）点击 Materials 窗口中的材质球旁边的红叉，如图 3-20 所示。红叉会变为画笔，如图 3-21 所示。

（3）打开材质球名字右边的小三角，选中"UV"图层将透明度从 100% 调至 8% 以淡淡显示 UV 线框，如图 3-22，3-23 所示。

8. 设置 BodyPaint 3D 画笔

（1）如图 3-24 所示点击画笔工具。如图 3-25 所示在 Attributes 窗口中点击画笔右下角的小三角。如图 3-26 所示在跳出的隐藏画笔中选择第一个画笔样式。如果没有显示画笔样式则将插件 bodypaintpresets.lib4d 放到 BodyPaint 3D R3 中 library 文件夹中的 browser 里就可显示。

（2）如图 3-27 所示点击 Pressure 前面的蓝色圆圈。在跳出的 Effector Settings 窗口中勾选 Pen Pressure，将斜线调至如图所示的曲线，点击 OK，如图 3-28 所示。

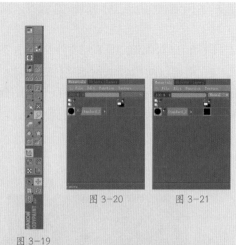

图 3-20　　图 3-21

图 3-19

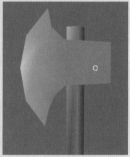

图 3-22

图 3-23

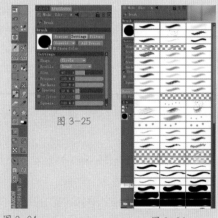

图 3-24　　　图 3-26

图 3-25

图 3-27 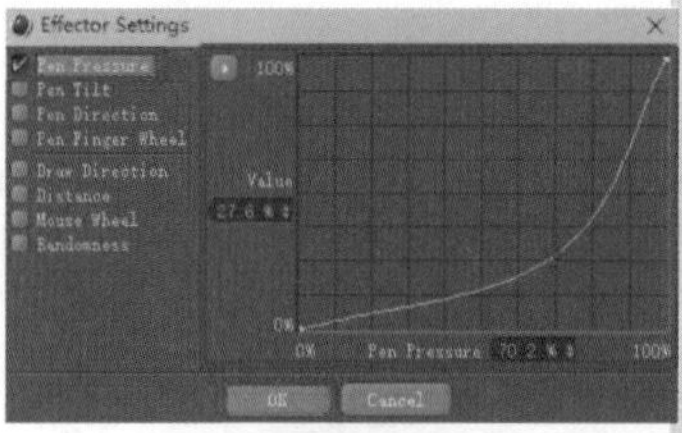　　图 3-28

（3）如图 3-29 所示调整 Pressure 为 50%，Hardness 为 100%，将画笔调至与 Photoshop 里的画笔基本一样。

9. 关闭灯光

如图 3-30 所示选择 Display 中的 Constant Shading 命令，关闭场景中的灯光，显示无光模式。

图 3-29

图 3-30

10. 制作原画参考

如图 3-31 所示选择 Texture 中的 Undock 将 Texture 窗口独立出来。如图 3-32 所示选择原画 "fuzi_01.jpg" 直接托到其窗口中，以制作原画参考。

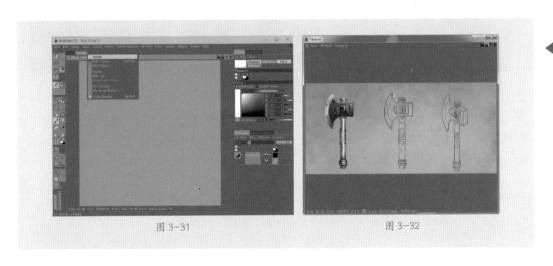

图 3-31   图 3-32

3.3 绘制中间灰调子颜色

1. 创建中间灰调子图层

（1）在 Photoshop CS6 中选择"衬底"图层，点击"图层"窗口中的"创建新图层"按钮。创建一个新图层。

（2）双击"图层 1"三个字变成可重命名的输入框后输入"中间灰调子颜色"，按键盘 Enter 键确定，如图 3-33 所示。

图 3-33

2. 标记中间灰调子颜色

（1）在 BodyPaint 3D R3 中，如图 3-34 所示按住键盘 Ctrl 键吸附显示原画的 Texture 窗口中斧面的中间灰调子颜色。在"中间灰调子颜色"图层选中的情况下，用快捷键"["和"]"键调节画笔大小，在斧面模型上标记其中间灰调子颜色，如图 3-35 所示。

（2）用上述第（1）点的方法标记斧刃和斧柄的中间灰调子颜色，如图 3-36 所示。

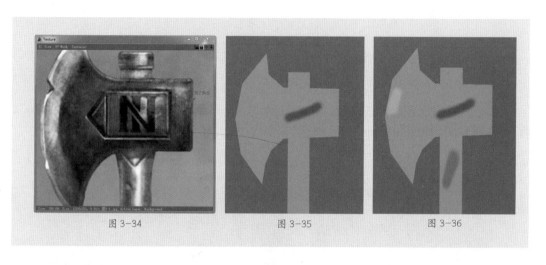

图 3-34   图 3-35   图 3-36

3. 填充中间灰调子颜色

（1）在 Photoshop CS6 中，如图 3-37 所示点击吸管工具吸附斧面的中间灰调子颜色。如图 3-38 所示选择多边形套索工具。沿 UV 线框将斧头形状选取后，按快捷键 Alt+Back Space 填充中间灰调子颜色，如图 3-39 所示。

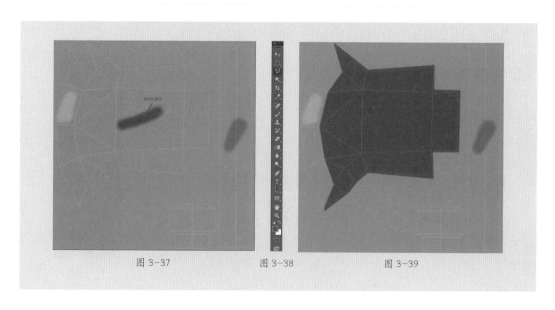

图 3-37   图 3-38   图 3-39

（2）用上述第（1）点的方法填充斧刃和斧柄的中间灰调子颜色，如图3-40所示。

（3）在3DMax 2010中按快捷键Alt+左键查看斧子贴图中间灰调子颜色的完成度，如图3-41所示。

图3-40   图3-41

3.4 绘制大光影与体积

1. 创建大关系图层

（1）在Photoshop CS6中选择"中间灰调子颜色"图层，点击"图层"窗口中的"创建新图层"按钮创建一个新图层。

（2）双击"图层1"三个字变成可重命名的输入框后输入"大关系"，按键盘Enter键确定，如图3-42所示。

图3-42

2. 绘制斧头大光影

（1）由于光源为顶部泛光，所以朝上的斧头上厚度面因正对着光源为亮面而最亮。在BodyPaint 3D R3中，按住键盘Ctrl键吸附斧面中间灰调子颜色，如图3-43所示在Colors窗中将颜色明度调高些。将调出的颜色与原画中斧面最亮颜色进行比对，相近即可。

（2）在"大关系"图层选中的情况下，预览画笔大小，用快捷键"["和"]"键调节画笔大小为适合绘制最亮面色块的笔刷。在斧头上厚度面上铺调出的颜色，如图3-44所示。

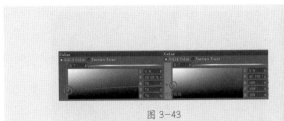

图3-43

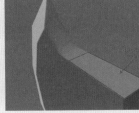

图3-44

（3）由于上厚度面延伸到斧刃后成为受光源斜照的竖直面而变暗，所以在 Colors 窗中将颜色调暗点。调节画笔大小，在竖直的上厚度面上铺调出的颜色，如图 3-45 所示。

（4）不停按 Ctrl 键吸附过渡色根据结构绘制向上厚度面最亮颜色的过渡，如图 3-46 所示。

（5）由于朝下的斧头下厚度面背对光源为暗面而最暗，所以吸附斧面中间灰调子颜色后在 Colors 窗中将颜色调暗些。调节画笔大小，在其上铺调出的颜色，如图 3-47 所示。

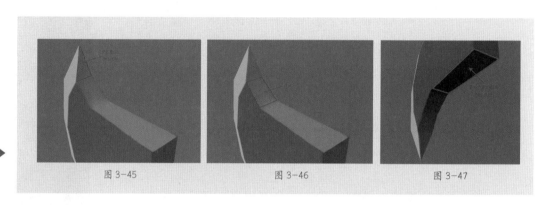

图 3-45   图 3-46   图 3-47

（6）由于下厚度面延伸到斧刃后成为受光源斜照的竖直面而变亮，所以在 Colors 窗中将颜色调亮点。调节画笔大小，在竖直的下厚度面上铺调出的颜色，如图 3-48 所示。

（7）用上述第（4）点的方法吸色、调色并绘制下厚度面的过渡颜色，如图 3-49 所示。

（8）由于斧头的正面离玩家近，可将其处理得比侧厚度面亮。所以吸附斧面中间灰调子颜色后在 Colors 窗中将颜色调暗点。调节画笔大小，在侧厚度面上铺调出的颜色，如图 3-50 所示。

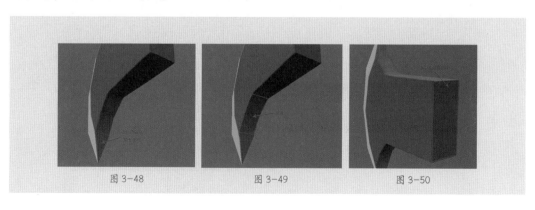

图 3-48   图 3-49   图 3-50

3.绘制斧柄大光影

（1）由于光源为顶部泛光，所以朝上的斧柄顶面因正对光源为亮面而最亮。吸附斧柄中间灰调子颜色，在Colors窗中将颜色调亮些。将调出的颜色与原画中斧柄最亮颜色进行比对，相近即可。

（2）在"大关系"图层选中的情况下，预览画笔大小，用快捷键"["和"]"键调节画笔大小为适合绘制最亮面色块的笔刷。在斧柄顶面上铺调出的颜色，如图3-51所示。

图 3-51

图 3-52

（3）点击鼠标中间切换到正视图。

（4）由于朝上的斧柄上斜切面略受光源斜照为灰面而比顶面暗点，但比斧柄竖直面亮点。所以在Colors窗中将颜色调暗点，但比中间灰调子颜色亮。调节画笔大小，在其上铺调出的颜色，如图3-52所示。

图 3-53

（5）由于朝下的斧柄下斜切面略背对光源为暗面而较暗，但比背对光源的斧柄底面亮。所以吸附斧柄中间灰调子颜色后在Colors窗中将颜色调暗些。调节画笔大小，在其上铺调出的颜色，如图3-53所示。

图 3-54

（6）由于朝下的斧柄底面背对光源为暗面而最暗，所以在Colors窗中将颜色调暗些。调节画笔大小，在其上铺调出的颜色，如图3-54所示。

（7）由于三截斧柄竖直面中间离玩家近，可将其处理得比中间灰调子颜色亮。所以吸附斧柄中间灰调子颜色后在Colors窗中将颜色调亮点。调节画笔大小，在其中间铺上调出的颜色并根据结构绘制向其原来颜色的过渡，如图3-55所示。

图 3-55

（8）由于三截斧柄竖直面两侧离玩家远，可将其处理得比中间灰调子颜色暗。所以吸附斧柄中间灰调子颜色后在Colors窗中将颜色调暗点。调节画笔大小，在其两侧铺上调出的颜色并根据结构绘制向原色的过渡，如图3-56所示。

图 3-56

（9）由于斧柄上斜切面和下斜切面与竖直面结构一样都为圆柱，所以用上述第（7）点的方法调色并绘制其中间的光影颜色，用上述第（8）点的方法绘制其两侧的光影颜色，如图3-57所示。

图 3-57

4. 查看贴图大光影完成度

在3DMax 2010中按快捷键Alt+左键查看斧子贴图大光影的完成度，如图3-58所示。

图 3-58

3.5 绘制光影衰减

1. 创建光影衰减图层

（1）在Photoshop CS6中选择"大关系"图层，点击"图层"窗口中的"创建新图层"按钮创建一个新图层。

（2）双击"图层1"三个字变成可重命名的输入框后输入"光影衰减"，按键盘Enter键确定，如图3-59所示。

图 3-59

2. 绘制斧面光影衰减

（1）在 BodyPaint 3D R3 中，点击鼠标中间切换到透视视图。由于光源为顶部泛光，所以离光源远的斧面下端、左边缘和右边缘较暗。按住键盘 Ctrl 键吸附斧面中间灰调子颜色，在 Colors 窗中将颜色调暗点。调节画笔大小，在其下端、左边缘和右边缘铺上调出的颜色并根据结构绘制向其原来颜色的过渡，如图 3-60 所示。

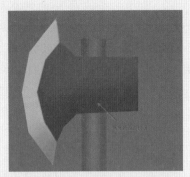

图 3-60

（2）由于斧头上厚度面的右边线离光源远而较暗，所以吸附上厚度面的颜色后在 Colors 窗中将颜色调暗点。调节画笔大小，在其右边线上调出的颜色并根据结构绘制向上厚度面颜色的过渡，如图 3-61 所示。

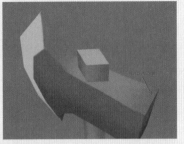

图 3-61

（3）由于延伸到刃尖的斧头上厚度面因离光源近而较亮，所以吸附上厚度竖直面颜色后在 Colors 窗中将颜色调亮点。调节画笔大小，在其上铺调出的颜色并根据结构绘制向上厚度竖直面颜色的过渡，如图 3-62 所示。

图 3-62

（4）由于斧头下厚度面的右边线离光源远而较暗，所以吸附下厚度面颜色后在 Colors 窗中将颜色调暗点。调节画笔大小，在其右边线上铺上调出的颜色并根据结构绘制向下厚度面颜色的过渡，如图 3-63 所示。

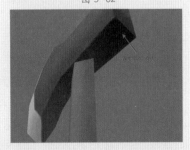

图 3-63

（5）由于延伸到刃尖的斧头下厚度面因离光源远而较暗，所以吸附下厚度竖直面颜色后在 Colors 窗中将颜色调暗点。调节画笔大小，在其上铺调出的颜色并根据结构绘制向下厚度竖直面，如图 3-64 所示。

图 3-64

（6）由于斧头右厚度面的下端离光源远而较暗，所以吸附右厚度面的颜色后在Colors窗中将颜色调暗点。调节画笔大小，在其下端铺上调出的颜色并根据结构绘制向右厚度面颜色的过渡，如图3-65所示。

3.绘制斧刃光影衰减

由于斧刃下端离光源远而较暗，所以吸附斧刃中间灰调子颜色后在Colors窗中将颜色调暗点。调节画笔大小，在其下端铺上调出的颜色并根据结构绘制向其原来颜色的过渡，如图3-66所示。

4.绘制斧柄光影衰减

（1）点击鼠标中间切换到正视图。由于斧柄凸起结构竖直面离光源远而较暗，所以吸附斧柄中间灰调子颜色后在Colors窗中将颜色调暗点。调节画笔大小绘制其光影颜色，如图3-67所示。

（2）由于斧柄最下面一截竖直面离光源最远而更暗，所以在Colors窗中将颜色调暗点。调节画笔大小绘制其光影颜色，如图3-68所示。

（3）由于斧柄有绑带一截竖直面的下端离光源远而较暗，所以吸附竖直面的颜色，在Colors窗中将颜色调暗点。调节画笔大小绘制其下端的光影颜色，如图3-69所示。

图3-65

图3-66

图3-67

图3-68

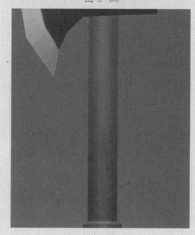

图3-69

（4）用上述第（3）点的方法吸色、调色并绘制凸起结构及其下面一截竖直面上离光源远而较暗的下端光影颜色，如图3-70所示。

（5）由于斧柄上斜切面的下端离玩家近而较亮，所以吸附上斜切面的颜色，在Colors窗中将颜色调亮点。调节画笔大小绘制其下端的光影颜色，如图3-71所示。

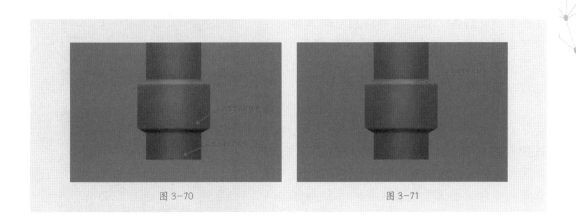

图 3-70   图 3-71

5. 查看贴图光影衰减完成度

在3DMax 2010中按快捷键Alt+左键查看斧子贴图光影衰减的完成度，如图3-72所示。

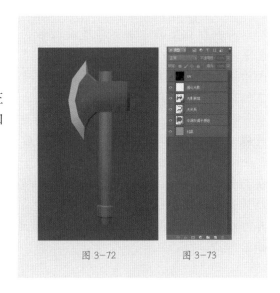

图 3-72   图 3-73

3.6 强化光影与体积

1. 创建强化关系图层

（1）在Photoshop CS6中选择"大关系"图层，点击"图层"窗口中的"创建新图层"按钮创建一个新图层。

（2）双击"图层1"三个字变成可重命名的输入框后输入"强化关系"，按键盘Enter键确定，如图3-73所示。

2. 强化斧面光影

（1）在 BodyPaint 3D R3 中，点击鼠标中间切换到透视视图。由于斧头下厚度面的边线即明暗交界线与光源光线平行而颜色最暗，所以按住键盘 Ctrl 键吸附下厚度面的颜色后在 Colors 窗中将颜色调暗些。调节画笔大小，在其明暗交界线处铺上调出的颜色并根据结构绘制向其原来颜色的过渡以强化暗面光影，如图 3-74 所示。

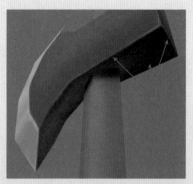

图 3-74

（2）为强化斧柄与斧头的拼接关系，吸附斧柄与斧头上厚度面交界的颜色后在 Colors 窗中将颜色调暗些。调节画笔大小，在斧头上厚度面上绘制其交界的光影颜色，如图 3-75 所示。

图 3-75

（3）由于斧面为受光源斜照的灰面，所以与垂直相交的斧头下厚度面所形成颜色最亮的高光出现在斧面的下边线。又由于斧面为离玩家近的较亮面，所以与垂直相交的斧头侧厚度面所形成的高光出现在斧面的右边线。由于转折处高光更亮，所以吸附斧面下边线和右边线颜色后在 Colors 窗中将颜色调亮点。调节画笔大小，在高光线右上端、转角处和向下弯曲转折处铺上调出的颜色并根据结构绘制向高光其他处和斧面颜色的过渡以强化灰面光影，如图 3-76 所示。

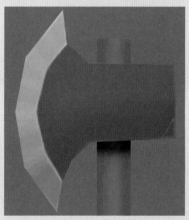

图 3-76

（4）由于斧头上厚度面为正对光源的亮面，所以与垂直相交的斧面形成的高光出现在其边线。又由于尖角转角处高光更亮，所以用上述第（3）点的方法吸色、调色并绘制其高光的光影颜色以强化亮面光影，如图 3-77 所示。

图 3-77

（5）由于斧头侧厚度面为受光源斜照的灰面，所以与垂直相交的斧头下厚度面形成的高光出现在其下边线。又由于尖角转角处高光更亮，用上述第（3）点的方法吸色、调色并绘制其高光的光影颜色以强化灰面光影，如图3-78所示。

图3-78

（6）原画中在斧面上有凹槽几何纹，所以吸附斧面颜色后在Colors窗中将颜色调暗点。调节画笔大小，在其上绘制凹槽几何纹的位置与形状并以此作为暗面和灰面的基础形，如图3-79所示。

图3-79

（7）由于斧面凹槽几何纹朝下的面背对光源为暗面而较暗，所以吸附凹槽几何纹线框的颜色后在Colors窗中将颜色调暗点。调节画笔大小绘制其暗面的颜色，如图3-80所示。

图3-80

（8）由于斧面凹槽几何纹朝上的面受光源斜射为灰面而较亮，所以吸附斧面的颜色后在Colors窗中将颜色调亮点。调节画笔大小绘制其灰面的颜色，如图3-81所示。

图3-81

（9）整体调整斧面上凹槽几何纹的灰面和暗面光影，使其与斧面光影一致。为进一步加强光影变化，将1块灰面中离玩家越远的部分绘制得明度越暗，如图3-82所示。

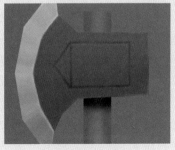

图3-82

（10）为强化斧面凹槽几何纹暗面的光影，吸附暗面颜色后在 Colors 窗中将颜色调暗点。调节画笔大小绘制其上边线即明暗交界线的光影颜色，如图 3-83 所示。

（11）为强化斧面凹槽几何纹暗面的光影，在 Colors 窗中将颜色调暗点。调节画笔大小绘制亮面上边线即投影的光影颜色，如图 3-84 所示。

（12）为强化斧面凹槽几何纹亮面的光影，吸附亮面颜色后在 Colors 窗中将颜色调亮点。调节画笔大小绘制其下边线即高光尖角转角处的光影颜色，如图 3-85 所示。

（13）为统一斧面以及凹槽几何纹的光影，吸附斧面上与凹槽几何纹暗面相交的线即高光尖角转角处颜色后在 Colors 窗中将颜色调亮点。调节画笔大小绘制高光的光影颜色，如图 3-86 所示。

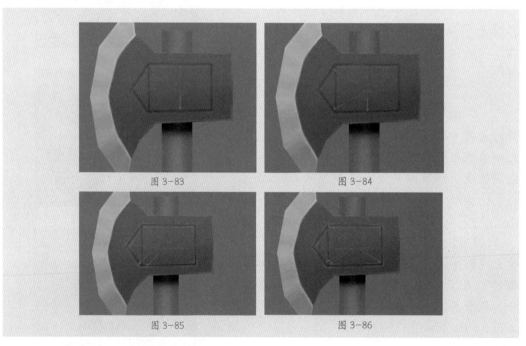

图 3-83　　　　　　　　　　图 3-84

图 3-85　　　　　　　　　　图 3-86

3. 强化斧刃光影

（1）由于斧刃为受光源斜照的灰面，所以与垂直相交的斧头厚度面所形成颜色最亮的高光出现在斧刃上和下边线，与斧面相交所形成的高光出现在斧刃右边线。由于转折处高光更亮，所以吸附斧刃颜色后在 Colors 窗中将颜色调亮点。调节画笔大小，在刃尖处和斧刃右边线上下端铺上调出的颜色并根据结构绘制向高光其他处和斧刃颜色的过渡以强化灰面光影，如图 3-87 所示。

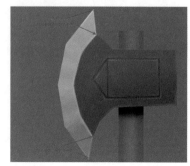

图 3-87

（2）由于斧刃锋利，所以吸附斧刃颜色后在Colors窗中将颜色调暗点。调节画笔大小，在斧刃上用直线绘制反光颜色并随时调整颜色明度绘制丰富的反光，如图3-88所示。

图3-88

4. 强化斧柄光影

（1）点击鼠标中间切换到正视图。由于斧柄下斜切面的上边线即明暗交界线与光源光线平行而颜色最暗，所以吸附下斜切面的颜色后在Colors窗中将颜色调暗些。调节画笔大小，在其明暗交界线处铺上调出的颜色并根据结构绘制向其原来颜色的过渡以强化暗面光影，如图3-89所示。

（2）用上述第（1）点的方法吸色、调色并绘制斧柄底面边线即明暗交界线的光影颜色以强化暗面光影，如图3-90所示。

图3-89　　　　　　　　　　　图3-90

（3）由于斧柄上端有个凸起小结构，其下斜切面因背着光源且离光源近而比凸起结构的下斜切面亮。所以吸附下斜切面的颜色后在Colors窗中将颜色调亮些。调节画笔大小，在其下斜切面铺上调出的颜色，如图3-91所示。

图3-91

（4）由于斧柄凸起结构有个凹面，其下凹切面因背着光源且离光源远近而比凸起结构的下斜切面亮点。所以用上述第（3）点的方法吸色、调色并绘制其颜色，如图3-92所示。

图 3-92

（5）由于斧柄凸起小结构下斜切面的上边线即明暗交界线颜色最暗，所以吸附下斜切面的颜色后在Colors窗中将颜色调暗些。调节画笔大小，在其明暗交界线处铺上调出的颜色并根据结构绘制向其原来颜色的过渡以强化暗面光影，如图3-93所示。

图 3-93

（6）由于斧柄凸起结构凹面的下凹切面上边线即明暗交界线颜色最暗，所以用上述第（5）点的方法吸色、调色并绘制其光影颜色，如图3-94所示。

图 3-94

（7）由于斧柄凸起结构下斜切面与斧柄有遮挡关系，所以凸起结构下斜切面的影子即颜色最暗的投影形成在斧柄上。吸附下斜切面明暗交界线的颜色后在Colors窗中将颜色调暗些。调节画笔大小，在斧柄上绘制其凸起结构下斜切面投影的光影颜色以强化暗面光影，如图3-95所示。

图 3-95

（8）由于斧柄凸起结构凹面与下凹切面与有遮挡关系，所以下凹切面的影子即投影形成在凹面上。又由于其投影比斧柄凸起结构下斜切面投影离光源近而较亮，所以在Colors窗中将颜色调亮些。调节画笔大小，在凹面上绘制下凹切面投影的光影颜色以强化暗面光影，如图3-96所示。

图 3-96

（9）由于斧柄与斧头有遮挡关系，所以斧头的影子即投影形成在斧柄上。又由于其投影比斧柄凸起结构凹面下凹切面投影离光源近而较亮，所以用上述第（8）点的方法调色并在斧柄上绘制斧头投影的光影颜色以强化暗面光影，如图3-97所示。

（10）由于斧柄凸起小结构下斜切面与斧柄有遮挡关系，所以下斜切面的影子即投影形成在斧柄上。又由于其投影比斧头投影离光源近而较亮，所以用上述第（8）点的方法调色并在斧柄上绘制凸起小结构下斜切面投影的光影颜色以强化暗面光影，如图3-98所示。

（11）为强化凸起结构上斜切面与斧柄的拼接关系，吸附其交界的颜色后在Colors窗中将颜色调暗些。调节画笔大小，在上斜切面上绘制其交界的光影颜色，如图3-99所示。

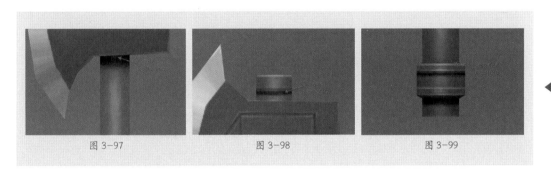

图3-97 图3-98 图3-99

（12）由于斧柄凸起小结构竖直面的下端离光源远而较暗，所以吸附竖直面颜色后在Colors窗中将颜色调暗点。调节画笔大小，在其下端铺上调出的颜色并根据结构绘制向竖直面颜色的过渡，如图3-100所示。

（13）由于斧柄凸起小结构上斜切面受光源斜照且离光源近而比凸起结构的上斜切面亮。所以吸附上斜切面的颜色后，在Colors窗中将颜色调亮点。调节画笔大小，在其上斜切面铺上调出的颜色，如图3-101所示。

（14）由于斧柄凸起小结构上斜切面的上端离光源近而较亮，所以在Colors窗中将颜色调亮点。调节画笔大小，在其上端铺上调出的颜色并根据结构绘制向其原来颜色的过渡，如图3-102所示。

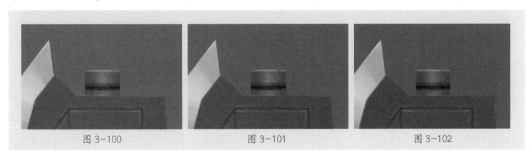

图3-100 图3-101 图3-102

（15）由于斧柄凸起结构凹面的上凹切面受光源斜照且离光源近而比凸起结构的上斜切面暗。所以吸附上斜切面的颜色后，在Colors窗中将颜色调暗点。调节画笔大小，在其上凹切面铺上调出的颜色，如图3-103所示。

（16）由于斧柄凸起结构凹面的上凹切面下端离玩家近而较亮，所以用上述第（14）点的方法调色并绘制其下端的光影颜色，如图3-104所示。

（17）由于斧柄为受光源斜照的灰面，所以与垂直相交的斧柄底面所形成颜色最亮的高光出现在斧柄的下边线。吸附下边线颜色后在Colors窗中将颜色调亮点。调节画笔大小，在高光处铺上调出的颜色并根据结构绘制向其原来颜色的过渡以强化灰面光影，如图3-105所示。

图3-103　　　　　　　　图3-104　　　　　　　　图3-105

（18）由于斧柄凸起结构的上斜切面为受光源斜照的灰面，所以与竖直面相交形成的高光出现在其下边线。用上述第（17）点的方法吸色、调色并绘制其高光处的光影颜色以强化灰面光影，如图3-106所示。

（19）由于斧柄凸起结构的竖直面为受光源斜照的灰面，所以与下斜切面相交形成的高光出现在其下边线。用上述第（17）点的方法吸色、调色并绘制其高光处的光影颜色以强化灰面光影，如图3-107所示。

（20）由于斧柄凸起结构凹面的上凹切面为受光源斜照的灰面，所以与凸起结构相交形成的高光出现在其下边线。用上述第（17）点的方法吸色、调色并绘制其高光处的光影颜色以强化灰面光影，如图3-108所示。

图3-106　　　　　　　　图3-107　　　　　　　　图3-108

（21）由于斧柄凸起结构受光源斜照的灰面，所以与凹面的下凹切面相交形成的高光出现在其下边线。用上述第（17）点的方法吸色、调色并绘制其高光处的光影颜色以强化灰面光影，如图3-109所示。

（22）由于斧柄顶面为正对光源的亮面，所以与垂直相交的斧柄形成的高光出现在斧柄顶面的边线上。由于转折处高光更亮，所以吸附斧柄顶面颜色后在Colors窗中将颜色调亮点。调节画笔大小，在其前后最凸部位铺上调出的颜色并根据结构绘制向高光其他处和顶面颜色的过渡以强化亮面光影，如图3-110所示。

（23）原画中斧柄凸起结构的凹面上有凹槽竖纹，所以吸附斧柄颜色后在Colors窗中将颜色调暗点。调节画笔大小，在凹面上绘制凹槽竖纹的位置与形状以此作为暗面和灰面的基础形，如图3-111所示。

图 3-109

图 3-110

图 3-111

（24）整体调整斧柄凸起结构凹面上的凹槽竖纹线框光影，使其与凹面光影一致，如图3-112所示。

（25）由于斧柄凸起结构凹面的凹槽条纹中间离玩家远而较暗，所以吸附凹槽条纹颜色后在Colors窗中将颜色调暗点。调节画笔大小，在其中间铺上调出的颜色并绘制向其原来颜色的过渡，如图3-113所示。

图 3-112

图 3-113

（26）为统一斧柄凸起结构凹面及其凹槽条纹的光影，吸附其凹面上与凹槽条纹相交的线即高光颜色后在 Colors 窗中将颜色调亮点。调节画笔大小绘制高光的光影颜色，如图 3-114 所示。

（27）原画中斧柄上有三角凹槽纹，所以用上述第（23）点的方法吸色、调色并在斧柄上绘制三角凹槽纹的位置与形状以此作为暗面和灰面的基础形，如图 3-115 所示。

（28）由于朝下的斧柄三角凹槽纹背对光源为暗面而较暗，所以吸附三角凹槽纹线框的颜色后在 Colors 窗中将颜色调暗点。调节画笔大小绘制其暗面的颜色，如图 3-116 所示。

（29）由于朝上的斧柄三角凹槽纹受光源斜射为灰面而较亮，所以吸附斧柄的颜色后在 Colors 窗中将颜色调亮点。调节画笔大小绘制其灰面的颜色，如图 3-117 所示。

（30）用上述第（24）点的方法整体调整三角凹槽纹线框的光影，使其与斧柄光影一致。为进一步加强光影变化，将 1 块灰面中离玩家越远的部分绘制得明度越暗。

（31）用上述第（5）和（7）点的方法吸色、调色并在斧柄上强化三角凹槽纹的暗面光影颜色，如图 3-118 所示。

图 3-114

图 3-115

图 3-116

图 3-117

图 3-118

（32）用上述第（17）点的方法吸色、调色并在斧柄上强化三角凹槽纹的亮面光影颜色，如图 3-119 所示。

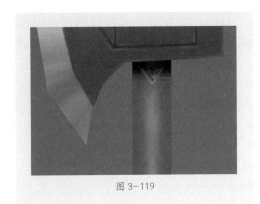
图 3-119

图 3-138

5. 查看贴图强化光影完成度

在 3DMax 2010 中按快捷键 Alt+ 左键查看斧子贴图强化光影的完成度，如图 3-120 所示。

3.7 绘制质感

1. 创建质感图层

（1）在 Photoshop CS6 中选择"强化关系"图层，点击"图层"窗口中的"创建新图层"按钮创建一个新图层。

（2）双击"图层 1"三个字变成可重命名的输入框后输入"质感"，按键盘 Enter 键确定，如图 3-121 所示。

图 3-121

图 3-122

2. 绘制斧面质感

（1）在 BodyPaint 3D R3 中，点击鼠标中间切换到透视视图。由于斧面为金属，其明暗对比强烈。所以按住键盘 Ctrl 键吸附斧头明暗交界线颜色后在 Colors 窗中将颜色调暗点。调节画笔大小加深明暗交界线转角处、向下垂直弯曲处和刃尖处的光影颜色以增强金属质感，如图 3-122 所示。

（2）由于金属斧面明暗对比强烈，所以吸附暗面颜色后在 Colors 窗中将颜色调亮点。调节画笔大小提亮反光的光影颜色以增强金属质感，如图 3-123 所示。

（3）用上述第（1）点的方法吸色、调色并加深斧头上厚度面上斧柄的投影光影颜色以增强金属质感，如图 3-124 所示。

（4）由于金属斧面明暗对比强烈，所以吸附的高光颜色后在 Colors 窗中将颜色调亮点。调节画笔大小提亮高光的光影颜色。又由于转角处的高光更亮，所以进一步提亮高光线尖角转角处的光影颜色以增强金属质感，如图 3-125 所示。

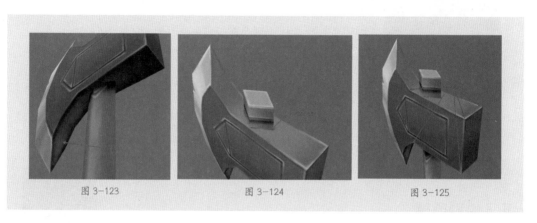

图 3-123　　　　　　图 3-124　　　　　　图 3-125

（5）由于金属斧面明暗对比强烈，所以吸附上边线和左边线转角的颜色后在 Colors 窗中将颜色调暗点。调节画笔大小加深边线转角处的光影颜色以增强金属反射效果，如图 3-126 所示。

（6）为增强金属反射效果，用上述第（5）点的方法吸色、调色并加深斧头侧厚度面转角处的光影颜色，如图 3-127 所示。

（7）为增强金属反射效果，用上述第（5）点的方法吸色、调色并加深斧头上厚度面与刀刃尖相交处的光影颜色，如图 3-128 所示。

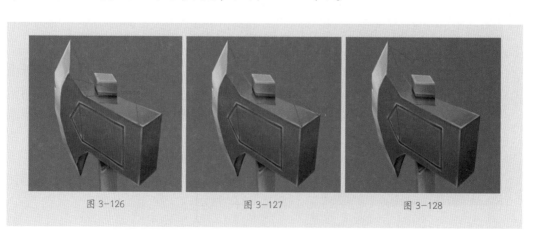

图 3-126　　　　　　图 3-127　　　　　　图 3-128

（8）为增强金属质感，用上述第（1）点的方法加深凹槽明暗交界线的光影颜色。用上述第（3）点的方法加深凹槽投影的光影颜色。用上述第（4）点的方法提亮凹槽及其与斧面形成的高光光影颜色，如图3-129所示。

（9）原画中在斧面上有花纹，所以吸附斧面颜色，在Colors窗中将颜色调暗点。调节画笔大小，在其上绘制花纹的位置与形状，如图3-130所示。

（10）在Photoshop CS6中，选中"质感"图层后使用加深工具加深斧面花纹下端颜色并使用减淡工具减淡其上端颜色以制作其光影的衰减效果，如图3-131所示。

图 3-129　　　　　　图 3-130　　　　　　图 3-131

3. 绘制斧刃质感

（1）由于斧刃为金属，其明暗对比强烈。所以在BodyPaint 3D R3中吸附斧刃的高光颜色后在Colors窗中将颜色调亮点。调节画笔大小提亮刃尖处的高光光影颜色以增强金属质感，如图3-132所示。

图 3-132

（2）由于斧头是武器，使用后斧刃会产生凹陷。吸附斧刃的颜色，在Colors窗中将颜色调暗点。调节画笔大小参考原画绘制大小不一的凹陷缺口，如图3-133所示。

图 3-133

（3）由于朝上的斧刃凹陷缺口受光源斜射为灰面而较亮，所以吸附凹陷缺口的颜色后在Colors窗中将颜色调亮点。调节画笔大小绘制灰面的颜色，如图3-134所示。

（4）整体调整斧刃凹陷缺口的亮面和暗面，使离光源越远的面明度越低。

（5）为强化斧刃凹陷缺口暗面的光影，吸附暗面颜色后在Colors窗中将颜色调暗点。调节画笔大小绘制其上边线即明暗交界线的光影颜色，如图3-135所示。

（6）为强化斧刃凹陷缺口暗面的光影，在Colors窗中将颜色调暗点。调节画笔大小绘制灰面上边线即投影的光影颜色，如图3-136所示。

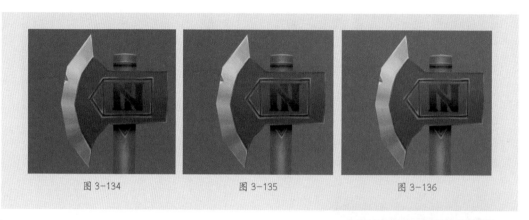

图 3-134 图 3-135 图 3-136

（7）为强化斧刃凹陷缺口亮面的光影，吸附灰面颜色后在Colors窗中将颜色调亮点。调节画笔大小绘制其下边线即高光尖角转角处的光影颜色，如图3-137所示。

图 3-137

（8）为统一斧刃以及凹陷缺口的光影，吸附斧刃上与凹陷缺口暗面相交的线即高光颜色后在Colors窗中将颜色调亮点。调节画笔大小绘制高光尖角转角处的光影颜色，如图3-138所示。

图 3-138

4.绘制斧柄质感

（1）点击鼠标中间切换到正视图。由于斧柄为金属，其明暗对比强烈。所以吸附斧柄的明暗交界线颜色后在 Colors 窗中将颜色调暗点。调节画笔大小加深明暗交界线或其转角处的光影颜色，如图 3-139，图 3-140 所示。

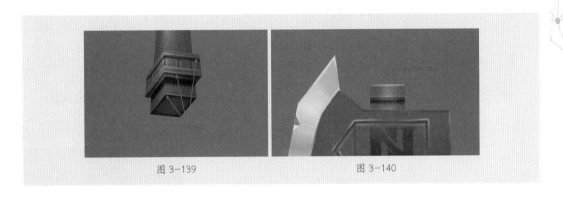

图 3-139　　　　　　　　　　　　　图 3-140

（2）由于金属斧面明暗对比强烈，所以吸附斧柄暗面颜色后在 Colors 窗中将颜色调亮点。调节画笔大小提亮反光的光影颜色以增强金属质感，如图 3-141，图 3-142 所示。

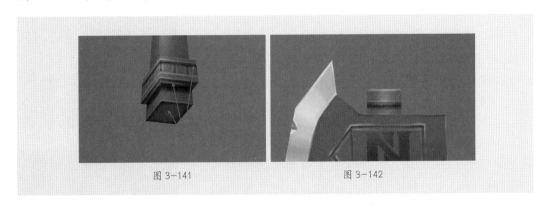

图 3-141　　　　　　　　　　　　　图 3-142

（3）用上述第（1）点的方法吸色、调色并加深投影或其转角处的光影颜色，如图 3-143，图 3-144，图 3-145 所示。以增强斧柄暗面的金属质感。

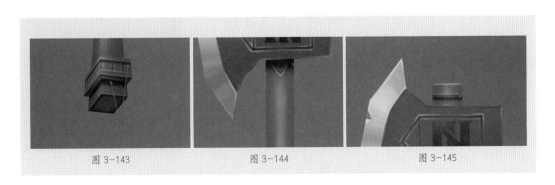

图 3-143　　　　　　　图 3-144　　　　　　　图 3-145

（4）由于金属斧柄明暗对比强烈，所以吸附斧柄的高光颜色后在 Colors 窗中将颜色调亮点。调节画笔大小提亮高光及其尖角转角处的光影颜色，如图 3-146，图 3-147，图 3-148 所示。

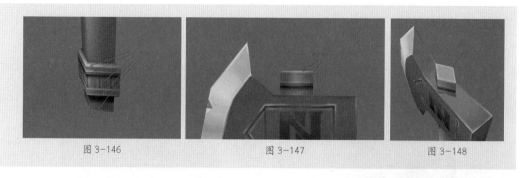

图 3-146   图 3-147   图 3-148

（5）原画中斧柄上有绑带，所以在 Photoshop CS6 中选择多边形套索工具。选取绑带区域，选中"光影衰减"图层，使用曲线调出绑带的固有色，如图 3-149 所示。

图 3-149

（6）由于绑带为布料，其明暗对比弱。所以在 BodyPaint 3D R3 中吸附斧柄中间颜色，在 Colors 窗中将颜色调暗点。调节画笔大小加深绑带灰面的光影颜色，如图 3-150 所示。

图 3-150

（7）由于绑带是一圈一圈绑在斧柄上，所以使用减淡和加深工具，调节画笔大小在其上绘制绑带缠绕的形状，如图 3-151 所示。

图 3-151

（8）由于每圈在上面的绑带与其下一圈绑带和斧柄有遮挡关系，所以每圈绑带的投影形成在其下一圈绑带和斧柄上。吸附绑带灰面颜色后在 Colors 窗中将颜色调暗些。调节画笔大小在每圈绑带和斧柄上绘制上一圈绑带的投影光影颜色。又由于绑带材质是布料，所以每圈绑带都会有褶皱，如图 3-152 所示。

图 3-152

（9）由于绑带在缠绕时会形成凹凸，再加之褶皱的凹凸，其朝上的面会较亮。所以吸附绑带灰面颜色后在 Colors 窗中将颜色调亮点，调节画笔大小在其上铺调出的颜色并根据结构绘制向其原来颜色的过渡，如图 3-153 所示。

（10）原画中斧柄上有花纹，所以在 Photoshop CS6 中选中"光影衰减"图层，选取花纹区域后，使用加深工具绘制其光影颜色，如图 3-154 所示。

5. 查看贴图质感完成度

在 3DMax 2010 中按快捷键 Alt+ 左键查看斧子贴图质感的完成度，如图 3-155 所示。

3.8 导出材质贴图

1. 查看斧子贴图整体完成度

在 3DMax 2010 中按快捷键 Alt+ 左键查看斧子贴图整体的完成度。

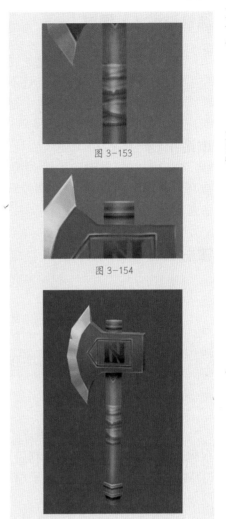

图 3-153

图 3-154

图 3-155

2. 导出 TGA 贴图文件

在 Photoshop CS6 中，选择菜单栏"文件"中的"存储"命令。在跳出的"存储为"窗口中"文件名"输入"fuzi_01"，"格式"下拉菜单选择 TGA，点击"保存"按钮保存，如图 3-156 所示。在跳出的"Targa 选项"窗口中点击"确定"按钮，以最终保存成功。

图 3-156

课堂讨论（1 课时）

（1）斧子材质制作项目的制作步骤有哪些？

（2）斧子材质制作项目每步对应的 3DMax、PS 和 BP 软件技术是什么？

（3）斧子材质制作项目中材质制作标准是什么？

本章小结

本章通过三维游戏手绘武器材质的制作，学习利用 3DMax 制作材质的功能与技巧，利用 PS 和 BP 的笔刷绘制出黑白贴图，为后面彩色材质的学习与制作打下了基础。

课后练习

1. 理论知识

（1）绘制贴图的光源方向和类型是什么？

（2）绘制贴图的光源方向在斧子上的表现有何特点？

2. 实训项目

（1）参考本章所讲知识点，根据游戏原画（图 3-157）利用 3DMax、PS 和 BP 制作斧子材质。

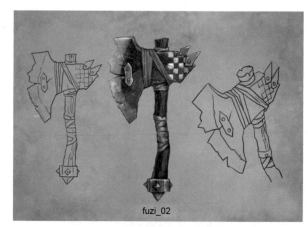

fuzi_02

图 3-157 游戏原画

制作要求：

① 贴图绘制：写实风格，体积结构明显、光影统一、质感分明

② 时间：1 天

③ 提交内容：模型和贴图

④ 交格式：OBJ 和 TGA

（2）制作完成并合格的项目，整理成 PPT 以在课堂上汇报其制作流程、方法、技术和标量（1 课时）。

第4章
游戏场景物件模型制作

教学要求

教学时间：6 课时

学习目标：建立学生运用软件制作游戏场景的信心。学生能描述三维游戏手绘场景
物件模型的制作流程与方法；能理解 3DMax 制作低模的技术和标量。
能根据游戏原画，利用 3DMax 制作三维游戏手绘场景物件模型。

教学重点：学生能描述三维游戏手绘场景物件模型的制作流程与方法；能理解
3DMax 制作低模的技术和标量。能根据游戏原画，利用 3DMax 制作三
维游戏手绘场景物件模型。

教学难点：学生能描述三维游戏手绘场景物件模型的制作流程与方法；能理解
3DMax 制作低模的标量。

讲授内容：三维游戏手绘场景物件模型制作。

在制作三维游戏手绘场景物件模型之前,首先需要理解透视这类美术基础知识,以便在以后的学习或工作中有一个清晰的思路。通过制作三维游戏手绘场景物件模型来理解低模制作的技术和标量。通过制作,学习 3DMax 制作模型。在此基础上,让学生能描述三维游戏手绘场景物件模型的制作流程与方法。

与案例相关的知识与技能

案例 4 游戏旗帜模型制作

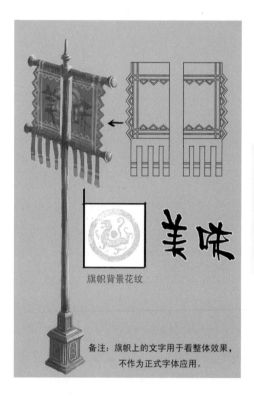

旗帜背景花纹

备注:旗帜上的文字用于看整体效果,
不作为正式字体应用。

图 4-1 游戏原画

学习要求:根据游戏原画(图 4-1)制作模型。
(1)模型面数:230 左右三角面。
(2)时间:4 课时。

理论知识要点

透视、透视变化规律、透视类型、形体透视、成角透视、透视图、平面图、游戏原画、模型类型、一体模、穿插模、模型布线、模型面形状、法向

技能知识要点

创建和编辑 Box、创建和编辑 Cylinder、创建和编辑 Plane、转换为多边形、

归心模型坐标、对齐、删除模型元素、吸附、缩放工具、移动工具、插入、挤压、复制、镜像、合并模型、光滑组、检测法向、赋予和显示模型材质、导出 OBJ 格式文件等。

4.1 分析原画

1. 原画风格、类型和内容

这张原画的风格为写实风格，类型为制作类原画，其中具有旗帜造型平面图、图案示意图和成 45°角的旗帜设计图。

2. 旗帜结构

（1）旗帜由三部分组成，分别为旗座、旗杆和旗帜。为达到项目对模型面数的要求，可将旗座拆分成 3 个一体模拼接而成，旗杆拆分成 6 个一体模拼接而成，旗帜拆分成 4 个一体模拼接而成，最终拼接在一起形成完整的旗帜。

（2）根据原画中的成角透视图可看出旗座基本为立方体，但上面有阶梯结构、切面结构、方形凹纹、横纹和花纹。为达到项目对模型面数的要求，旗座模型只需做出其剪影。因此，竖向阶梯结构、方形凹纹、横纹和花纹都可以手绘方式绘制出来。

（3）根据原画中的成角透视图可看出旗杆基本为圆柱体，但上面有阶梯结构、切面结构、凸起小结构和木纹。为达到项目对模型面数的要求，旗杆模型也只需做出其剪影。因此，凸起小结构和木纹都可以手绘方式绘制出来。甚至圆柱体旗杆都可用四棱柱制作，运用手绘将四棱柱绘制成圆柱。

（4）根据原画中的成角透视图可看出旗帜基本为面片，其外形呈锯齿和带状，上面有花纹和美术字图案。为达到项目对模型面数的要求，旗帜模型只需做成四边形面片。因此，其不规则外形用透明贴图表现，花纹和美术字图案都可以手绘方式绘制出来。而在游戏引擎中看不见的面片反面则用制作好材质的镜像旗帜面片替代即可。

3. 旗帜界线表现

原画中旗帜的旗座基本为立方体，所以每块相互垂直的面都有明显的棱角结构，其上的斜切面也有明显的边界线。旗杆基本为圆柱体，所以相互垂直的顶面和侧面有明显的边界线，其上的斜切面以及木质与金属的交界处也有明显的边界线。这些明显的界线都须用不同的光滑组来表现其硬边效果。

4.2 制作旗座

1. 制作准备

（1）启动英文版 3DMax 2010 并使用看图软件（建议 ACDSee 或 2345 看图王）同时打开原画作为参考，如图 4-2 所示。

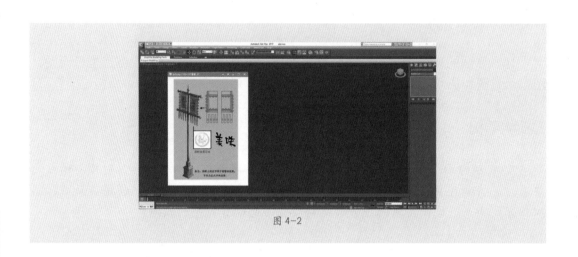

图 4-2

（2）点击菜单栏 Customize 中的 Preferences 命令打开 Preference Settings 窗口。选择 Viewports 中的 Configure Driver… 按钮。勾选 Enable Antialiased Lines in Wireframe Views，点击 Background Texture Size 中的 1024 按钮，并勾选 Match Bitmap Size as Closely as Possible，点击 Download Texture Size 中的 512 按钮，并勾选 Match Bitmap Size as Closely as Possible，点击 OK 调整材质贴图显示精度。

（3）按快捷键 Alt+W 单面显示工作界面。

2. 创建旗座基础形

（1）选择 Create 中 Geometry 的 Box 拉出 1 个立方体。

（2）按键盘 M，在跳出的 Material Editor 窗口中选择 1 个灰色材质球，点击 Assign Material to Selection 按钮将选中的材质赋予立方体，点击 Show Standard Map in Viewport 按钮打开材质显示。

（3）点击显示 Box01 的框旁边的颜色方框。在跳出的 Object Color 窗口中选择黑色并点击 OK 将模型边框颜色改成黑色。

（4）选中立方体模型，如图 4-3 所示选择 Hierarchy 中的 Pivot 按钮，点击 Affect Pivot Only 后点击 Center to Object 将立方体模型的坐标归到中心。

图 4-3

（5）点击 Affect Pivot Only 按钮退出模型中心选中模式，如图 4-4、图 4-5 所示使用移动工具将立方体模型的 XYZ 都调整为 0，将立方体模型至于坐标原点。

图 4-4

图 4-5

3. 制作旗座的第一个一体模

（1）右键选择 Convert to: 中的 Convert to Editable Poly 命令使立方体模型转换成多边形。选择缩放工具的黄色 Y 轴，参考原画将立方体模型厚度调整为旗座底端第一个立方体的厚度。

（2）按键盘的数字 4 进入面编辑模式，选择顶面并如图 4-6 所示使用移动工具的蓝色 Z 轴将立方体模型高度调整至旗座底端第一个立方体的高度。

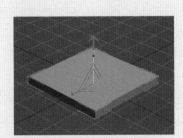

图 4-6

（3）在立方体模型顶面选中的情况下，点击 Inset 右边的小方块，如图 4-7 所示在跳出的 Inset Polygons 窗口中点击 OK 以制作第二个立方体的底面。使用缩放工具调整其长度和厚度与原画相似。点击 Extrude 右边的小方块，如图 4-8 所示在跳出的 Extrude Polygons 窗口中点击 OK 以制作第二个立方体的高度。使用移动工具的蓝色 Z 轴调整其高度与原画相似。

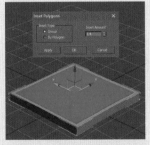

图 4-7

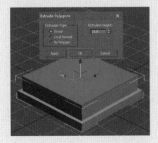

图 4-8

（4）在顶面选中的情况下，点击 Inset 右边的小方块，在跳出的 Inset Polygons 窗口中 Inset Amount 里输入参数，直至 Inset 面的长度和厚度与原画相似再点击 OK 以制作有花纹立方体的底面。点击 Extrude 右边的小方块，如图 4-9 所示在跳出的 Extrude Polygons 窗口中点击 OK 以制作有花纹立方体的高度。使用移动工具的蓝色 Z 轴调整其高度与原画相似。

图 4-9

（5）在顶面选中的情况下，点击 Extrude 右边的小方块，在跳出的 Extrude Polygons 窗口中点击 OK 以制作外扩斜切面的高度。使用移动工具的蓝色 Z 轴调整其高度与原画相似，如图 4-10 所示使用缩放工具外扩其长度和厚度使其高度的斜度与原画相似。

图 4-10

（6）在顶面选中的情况下，点击 Extrude 右边的小方块，在跳出的 Extrude Polygons 窗口中点击 OK 以制作内收斜切面的高度。使用移动工具的蓝色 Z 轴调整其高度与原画相似，使用缩放工具内收其长度和厚度使其高度的斜度与原画相似。

4. 制作旗座的第二个一体模

（1）选择顶面，如图 4-11 所示按住 Shift 键使用移动工具的蓝色 Z 轴向上拖动，在跳出的 Clone Part of Mesh 窗口中选择 Clone To Object：Object01 后点击 OK 以复制 1 个单独的面片。

图 4-11

（2）选择复制的面片，选择 Hierarchy 中的 Pivot 按钮，点击 Affect Pivot Only 后点击 Center to Object 将面片模型的坐标归到中心。

（3）点击 Affect Pivot Only 按钮退出模型中心选中模式，如图 4-12 所示使用缩放工具调整面片模型的长度和厚度使其与原画中花纹立方体上第一个立方体的长度和厚度相似。

（4）按键盘的数字 3 进入边界编辑模式，框选面片模型以选中其边界，如图 4-13 所示按住 Shift 键使用移动工具的蓝色 Z 轴向下拖动以制作花纹立方体上第一个立方体的高度，继续调整高度使其与原画相似。按键盘的数字 6 进入模型编辑模式，使用移动工具调整其 Z 轴位置使其与有花纹的一体模穿插。为了节约 UV 排版空间，穿插面不宜插入太多，只需刚刚没入即可。

5. 制作旗座的第三个一体模

（1）选中花纹立方体上第一个立方体，如图 4-14 所示按住 Shift 键使用移动工具的蓝色 Z 轴向上拖动，在跳出的 Clone Options 窗口中 Object 里选择 Copy 后点击 OK。

（2）使用缩放工具调整复制立方体的长度和厚度使其与原画中有方形凹纹立方体的长度和厚度相似。

（3）按键盘的数字 3 进入边界编辑模式，选中复制立方体的边界，如图 4-15 所示使用移动工具的蓝色 Z 轴向下拖动至刚刚没入花纹立方体上的一体模中。

（4）按键盘的数字 4 进入面编辑模式，选择复制立方体的顶面并使用移动工具的蓝色 Z 轴调整高度使其与原画中有方形凹纹立方体的高度相似。

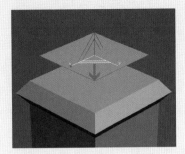

图 4-12

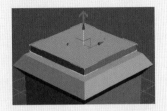

图 4-13

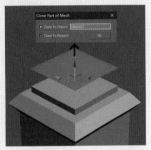

图 4-14

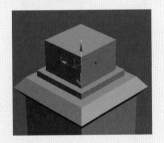

图 4-15

（5）继续在面编辑模式下，选择顶面点击 Inset 右边的小方块，在跳出的 Inset Polygons 窗口中点击 OK。使用移动工具的蓝色 Z 轴向上拉以制作与原画相似的内收斜切面高度，如图 4-16 所示使用缩放工具缩放其长度和厚度使其高度的斜度与原画相似。

6. 调整旗座整体性

将创建好的 3 个一体模进行比对，如图 4-17 所示。参考原画调整它们的长度、厚度和高度。长度和厚度使用缩放工具调整；高度则需进入点编辑模式，选点使用移动工具调整。

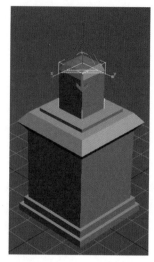

图 4-16

图 4-17

4.3 制作旗杆

1. 创建旗杆基础形

（1）选择 Create 中 Geometry 的 Cylinder 拉出 1 个圆柱体。如图 4-18 所示调整 Height Segments 为 1，Cap Segments 为 1，Sides 为 4，将圆柱体制作成没有分段的四棱柱。

图 4-18

（2）按键盘 M，在跳出的 Material Editor 窗口中选择与旗座相同的材质球，点击 Assign Material to Selection 按钮将选中的材质赋予四棱柱。

（3）线框颜色调整为黑色。

（4）在四棱柱选中的情况下，如图4-19所示点击Align后选择旗座，如图4-20所示在跳出的Align Selection窗口中勾选X、Y、Z Position后点击OK，将旗杆对齐到旗座中心位置。使用移动工具的蓝色Z轴向上拖动至刚刚没入有方形凹纹立方体的一体模中。

图 4-19

图 4-20

2. 制作竖直旗杆的第一个一体模

（1）调整四棱柱的 Radius 参数，使四棱柱底面对角线的长度与有方形凹纹立方体顶面的长度基本一致

（2）在工作界面调整模型显示大小和角度，使其与原画中旗帜的大小和角度一致。调整四棱柱的 Height 参数，提升四棱柱的高度使其与原画相似，如图4-21所示。

（3）右键选择 Convert to: 中的 Convert to Editable Poly 命令使其转换成多边形。

（4）按键盘的数字4进入面编辑模式，选择底面后按键盘 Delete 键删除它，如图4-22所示。

（5）选择顶面点击 Extrude 右边的小方块，在跳出的 Extrude Polygons 窗口中点击 OK 以制作外扩斜切面的高度。使用移动工具的蓝色Z轴调整其高度与原画相似，使用缩放工具外扩其长度和厚度使其高度的斜度与原画相似，如图4-23所示。

（6）选择顶面点击 Extrude 右边的小方块，在跳出的 Extrude Polygons 窗口中点击 OK 以制作外扩斜切面圆柱的高度。使用移动工具的蓝色Z轴调整其高度与原画相似。

图 4-21

图 4-22

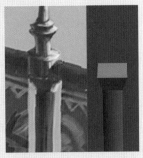

图 4-23

3. 制作竖直旗杆的第二个一体模

（1）选择竖直旗杆第一个一体模的顶面，按住 Shift 键使用移动工具的蓝色 Z 轴向上拖动，在跳出的 Clone Part of Mesh 窗口中选择 Clone To Object: Object01 后点击 OK 以复制 1 个单独的面片，如图 4-24 所示。

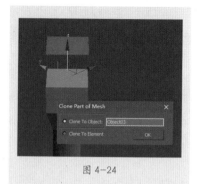

图 4-24

（2）选择复制的面片，选择 Hierarchy 中的 Pivot 按钮，点击 Affect Pivot Only 后点击 Center to Object 将面片模型的坐标归到中心，点击 Affect Pivot Only 按钮退出模型中心选中模式。

（3）按键盘的数字 3 进入边界编辑模式，选中面片模型的边界，按住 Shift 键使用移动工具的蓝色 Z 轴向下拖动至刚刚没入有木质旗杆的一体模中。使用缩放工具调整长度和厚度使其与原画中旗杆金属部分第二个圆柱底面的长度和厚度相似。

图 4-25

（4）按键盘的数字 4 进入面编辑模式，选择旗杆金属部分第二个圆柱的顶面并使用移动工具的蓝色 Z 轴调整高度使其与原画中的高度相似，使用缩放工具调整长度和厚度使其与原画相似，如图 4-25 所示。

（5）在旗杆金属部分第二个圆柱顶面选中的情况下，点击 Extrude 右边的小方块，在跳出的 Extrude Polygons 窗口中点击 OK 以制作外扩斜切面的高度。使用移动工具的蓝色 Z 轴调整其高度与原画相似，如图 4-26 所示使用缩放工具外扩其长度和厚度使其高度的斜度与原画相似。点击 Extrude 右边的小方块，在跳出的 Extrude Polygons 窗口中点击 OK 以制作内收斜切面的高度。使用移动工具的蓝色 Z 轴调整其高度与原画相似，使用缩放工具内收其长度和厚度使其高度的斜度与原画相似。此处结构虽然有较大形变，但由于在游戏中基本看不清，所以可以将其简化来减少面数，再以手绘方式绘制出两层结构即可。

图 4-26

（6）选中上述结构的顶面点击 Extrude 右边的小方块，在跳出的 Extrude Polygons 窗口中点击 OK 以制作内收尖顶的高度。如图 4-27 所示使用移动工具的蓝色 Z 轴调整其高度与原画相似，使用缩放工具内收其长度和厚度使其高度的斜度与原画相似。

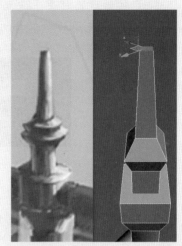

图 4-27

4. 制作套旗帜旗杆的第一个一体模

（1）选择有木质的竖直旗杆一体模，如图 4-28 所示点击 Angle Snap Toggle 按钮后按住 Shift 键使用旋转工具的绿色 Y 轴旋转 90°，如图 4-29 所示在跳出的 Clone Options 窗口中 Object 里选择 Copy 后点击 OK 以制作套旗帜的旗杆。

图 4-28

（2）使用移动工具的绿色 Y 轴向上拖动至旗杆金属部分第一个圆柱高度的中间。

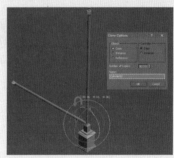

图 4-29

（3）调整模型显示大小和角度与原画一致，按键盘的数字 1 进入点编辑模式，选中套旗帜旗杆外扩斜切面圆柱的所有点，使用移动工具的红色 X 轴调整长度使其与原画相似，如图 4-30 所示。选择穿插在竖直旗杆中的所有点，使用移动工具的红色 X 轴位置使其刚刚没入竖直旗杆一体模中。

图 4-30

（4）按键盘的数字 2 进入线编辑模式，选中套旗帜旗杆外扩一圈线的一条线，如图 4-31 所示按快捷键 Alt+L 选中一圈线。按快捷键 Ctrl+Backspace 删掉选中的一圈线和其上的点。

图 4-31

（5）按键盘的数字1进入点编辑模式，选中套旗帜旗杆外扩一圈线的所有点，如图4-32所示使用移动工具的红色X轴调整长度使其与原画相似。

图4-32

5. 制作套旗帜旗杆的另三个一体模

（1）按键盘的数字6进入模型编辑模式，选择套旗帜的旗杆，如图4-33所示点击Mirror按钮，如图4-34所示在跳出的Mirror：World C...窗口中的Mirror Axis中选择X轴，Clone Selection中选择Instance，点击OK镜像出竖直旗杆另一侧的套旗帜旗杆。

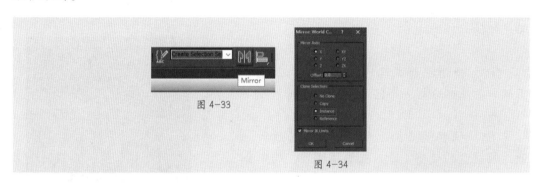

图4-33

图4-34

（2）调整模型显示大小和角度与原画一致，使用Shift键选择两个套旗帜的旗杆，按住Shift键使用移动工具的绿色Y轴向下拖动至与原画相似的位置，在跳出的Clone Options窗口中Object里选择Instance后点击OK以制作另两个套旗帜的旗杆，如图4-35所示。

图4-35

4.4 制作旗帜

1. 创建有锯齿的旗帜一体模

（1）选择Create中Geometry的Plane，在前视图中拉出1个面片，调整Length和Width参数使其长度和高度与原画中有锯齿的那片旗帜相似。如图4-36所示调整面片分割数length segs为1，width segs为1。

图4-36

（2）右键选择 Convert to: 中的 Convert to Editable Poly 命令使其转换成多边形。

（3）按键盘 M，在跳出的 Material Editor 窗口中选择与旗座旗杆相同的材质球，点击 Assign Material to Selection 按钮将选中的材质赋予面片。

（4）线框颜色调整为黑色。

2. 制作带飘带的旗帜一体模

（1）选中旗帜的第一个一体模，按住 Shift 键使用移动工具的蓝色 Z 轴向下拖动，使复制的面片模型最上面边线刚刚没入下面 1 根套旗帜旗杆的一体模中，在跳出的 Clone Options 窗口中 Object 里选择 Copy 后点击 OK。

（2）调整模型显示大小和角度与原画一致，按键盘的数字 2 进入线编辑模式，选中复制面片模型的最下面边线，如图 4-37 所示使用移动工具的蓝色 Z 轴向上拖动至与原画中带飘带旗帜的高度相似。

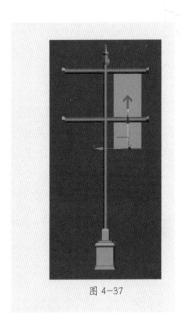

图 4-37

3. 镜像竖直旗杆另一侧的旗帜

（1）按键盘的数字 6 进入模型编辑模式，选择有锯齿的旗帜面片，点击 Attach 按钮后选择带飘带的旗帜面片将旗帜合为一个整体。

（2）选择 Hierarchy 中的 Pivot 按钮，点击 Affect Pivot Only 后点击 Align 右下角的小三角，如图 4-38 所示选择隐藏按钮列表中第二个按钮后选择竖直旗杆，如图 4-39 所示使旗帜坐标与竖直旗杆坐标一致。

（3）点击 Affect Pivot Only 按钮退出模型中心选中模式。点击 Mirror，如图 4-40 所示在跳出的 Mirror: World C... 窗口中的 Mirror Axis 中选择 X 轴，Clone Selection 中选择 Instance，点击 OK 镜像出竖直旗杆另一侧的旗帜。

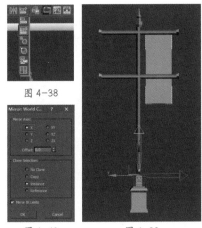

图 4-38

图 4-40   图 4-39

4.5 调整旗帜整体性

1. 调整旗帜整体形体

（1）在模型编辑模式下，调整模型显示大小和角度与原画一致。

（2）将竖直旗杆的 2 个一体模进行比对，参考原画调整它们的长度、厚度和高度。长度和厚度使用缩放工具调整，高度则需进入点编辑模式，选点使用移动工具调整。

（3）将套旗帜旗杆的 4 个一体模进行比对，参考原画调整它们的长度、厚度、高度和间距。厚度和高度使用缩放工具调整；长度则需进入点编辑模式，选点使用移动工具调整；间距使用移动工具调整。

（4）根据套旗帜旗杆的位置调整旗帜的长度、高度和间距。长度、高度和间距都进入点编辑模式，选点使用移动工具调整。

2. 删除多余面

为了控制模型面数，看不见的面需要删除。按键盘的数字 4 进入面编辑模式，如图 4-41 所示选择旗帜与地面接触的底面，按键盘 Delete 键删除它。

3. 制作旗帜光滑组

（1）按键盘的数字 4 进入面编辑模式，如图 4-42 所示选择旗座竖直方向的 5 块面后加选与其平行的 5 块面，如图 4-43 所示点击 Polygon：Smoothing Groups 中的数字 1，将这 10 块面各自变为一个平面。选择竖直方向剩下的 10 块面后点击 Polygon：Smoothing Groups 中的数字 2，将这 10 块面各自变为一个平面并与竖直方向的面成为两个平面。

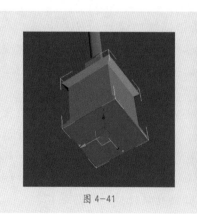

图 4-43

图 4-41　　　　　图 4-42

（2）如图 4-44 所示选择旗座的所有顶面，点击 Polygon：Smoothing Groups 中的数字 3，将这 11 块面变为五组平滑的面并与相互垂直的面成为两个平面。

（3）如图 4-45 所示各自选择两个上斜切结构中的 1 块面后加选与其平行的 1 块面以及下斜切结构中与其成 90° 转角的 2 块面，点击 Polygon：Smoothing Groups 中的数字 4，将这 6 块面各自变为一个平面并与竖直方向的面成为两个平面。选择斜切结构中剩下的 6 块面后点击 Polygon：Smoothing Groups 中的数字 5，将这 6 块面各自变为一个平面并与上斜切面成为两个平面。

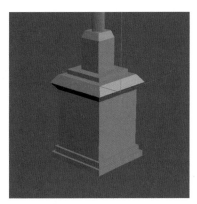

图 4-44　　　　　　　　　　　　图 4-45

（4）选择竖直旗杆的所有竖直和近似竖直面，点击 Polygon：Smoothing Groups 中的数字 1，将这 16 块面变为四组平滑的面。

（5）选择竖直旗杆的所有顶面，点击 Polygon：Smoothing Groups 中的数字 2，将这 2 块面各自变为一个平面并与竖直面和近似竖直面成为两个平面。

（6）选择两个下斜切结构中的所有面，点击 Polygon：Smoothing Groups 中的数字 3，将这 8 块面变为两组平滑的面并与竖直面和近似竖直面成为两个平面。选择上斜切结构中的所有面，点击 Polygon：Smoothing Groups 中的数字 4，将这 4 块面变为一组平滑的面并与下斜切面成为两个平面。

（7）选择被镜像的套旗帜旗杆所有横平面，点击 Polygon：Smoothing Groups 中的数字 1，将这 4 块面变为一组平滑的面。

（8）选择重置过光滑组的套旗帜旗杆侧面，点击 Polygon：Smoothing Groups 中的数字 2，将这 1 块面自身变为一个平面。

（9）选择重置过光滑组的套旗帜旗杆所有斜切结构面，点击 Polygon：Smoothing Groups 中的数字 3，将这 4 块面变为一组平滑的面并与横平面和侧面都成为两个平面。

（10）选择被镜像的一侧旗帜所有面，点击 Polygon：Smoothing Groups 中的数字 1，将这 2 块面各自变为一个平面。

4. 镜像和复制 3 个套旗帜旗杆

（1）选择镜像和复制的 3 个套旗帜旗杆，按键盘 Delete 键删除它们。

（2）选择剩下的套旗帜旗杆，点击 Mirror 按钮，在跳出的 Mirror：World C... 窗口中的 Mirror Axis 中选择 X 轴，Clone Selection 中选择 Copy，点击 OK 镜像出竖直旗杆另一侧的套旗帜旗杆。

（3）选择 1 个套旗帜旗杆，Shift 键选择另一个套旗帜旗杆，按住 Shift 键使用移动工具的绿色 Y 轴向下拖动至两片旗帜的空隙处，在跳出的 Clone Options 窗口中 Object 里选择 Copy 后点击 OK 以制作另两个套旗帜的旗杆。

5. 镜像竖直旗杆另一侧的旗帜

（1）选择镜像的旗帜，按键盘 Delete 键删除它。

（2）选择剩下的旗帜，点击 Mirror，在跳出的 Mirror：World C... 窗口中的 Mirror Axis 中选择 X 轴，Clone Selection 中选择 Copy，点击 OK 镜像出竖直旗杆另一侧的旗帜。

4.6 整理模型

1. 合并模型

（1）选择旗座，点击 Attach 按钮后选择竖直旗杆、旗杆尖、套旗帜旗杆和旗帜将 13 个一体模合为一体。

（2）给模型命名为"qizhi"，与原画名一致。

2. 保存模型

点击 Save File 按钮，在跳出的 Save File As 窗口的文件名框里输入"qizhi"，点击保存。

3. 赋予模型默认材质球

（1）按键盘 M，在跳出的 Material Editor 窗口中选择 Utilities 中的 Reset Material Editor Slots 命令将材质球全部清空。

（2）选择第一个材质球并左键长按至模型上再放掉，给模型赋予默认材质球。

4. 检查法向统一性

（1）选中模型，选择 Utilities 中的 Reset XForm 后再点击跳出的 Reset Selected 按钮，检测模型法向是否统一。如没有黑色面都为灰色面，则说明模型法向统一，反之亦然。

（2）右键选择 Convert to: 中的 Convert to Editable Poly 命令转换成多边形。

5. 归零模型位置

（1）选中模型，选择 Hierarchy 中的 Pivot 按钮，点击 Affect Pivot Only 后点击 Center to Object 将模型的坐标归到中心。

（2）点击 Affect Pivot Only 按钮退出模型中心选中模式。选中模型，使用移动工具将模型的 XYZ 都调整为 0，将模型至于坐标原点。

4.7 导出旗帜模型

点击 Export 中的 Export Selected 命令，在跳出的 Select File to Export 窗口中输入 qizhi，使模型名与原画名一致。在保存类型下拉菜单中选择 OBJ-Exporter 格式后点击保存按钮，在跳出的 OBJ Export Options 窗口中 Geometry 里的 Faces 下拉菜单中选择 Polygon，Preset 下拉菜单中选择 ZBrush 后点击 Export 按钮，在跳出的 Exporting OBJ 窗口中点击 DONE 按钮，完成 OBJ 格式模型的导出。

课堂讨论（1课时）

（1）旗帜模型制作项目的制作步骤有哪些？

（2）旗帜模型制作项目每步对应的 3DMax 软件技术是什么？

（3）旗帜模型制作项目中模型制作标准是什么？

本章小结

　　本章通过三维游戏手绘场景物件模型的制作，学习利用 3DMax 制作模型的功能与技巧。在此基础上，巩固了章一中模型制作的技术与方法，为接下来章中 UV 展开的学习与制作打下基础。

课后练习

1. 理论知识

（1）原画中有颜色和光影的旗帜其绘制角度是什么？

（2）原画中有颜色和光影的旗帜其绘制角度有何特点？

2. 实训项目

（1）参考本章所讲知识点，根据游戏原画（图 4-46）利用 3DMax 制作柱子模型。

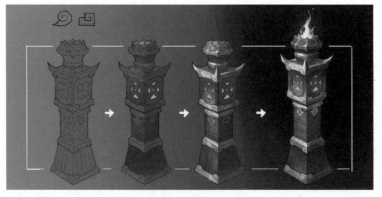

图 4-46 游戏原画

制作要求：

① 模型面数：620 左右三角面；　　　③ 提交内容：模型；

② 时间：1 天；　　　④ 提交格式：OBJ。

　　（2）制作完成并合格的项目，整理成 PPT 以在课堂上汇报其制作流程、方法、技术和标量（1课时）。

第5章

游戏场景物件 UV 制作

教学要求

教学时间： 5 课时

学习目标： 增强学生运用软件制作游戏场景的信心。学生能描述三维游戏手绘场景物件 UV 的制作流程与方法；能理解 3DMax 展 UV 的技术和标量。能根据游戏原画，利用 3DMax 展三维游戏手绘场景物件 UV。

教学重点： 学生能描述三维游戏手绘场景物件 UV 的制作流程与方法；能理解 3DMax 展 UV 的技术和标量。能根据游戏原画，利用 3DMax 展三维游戏手绘场景物件 UV。

教学难点： 学生能描述三维游戏手绘场景物件 UV 的制作流程与方法；能理解 3DMax 展 UV 的标量。

讲授内容： 三维游戏手绘场景物件 UV 展开。

在制作三维游戏手绘场景物件 UV 之前，首先需要理解模型 UV 概念这类游戏美术制作基础知识，以便在以后的学习或工作中有一个清晰的思路。通过展三维游戏手绘场景物件 UV 来理解 UV 展开的技术和标量。通过制作，学习 3DMax 展 UV。在这基础上，让学生能描述三维游戏手绘场景物件 UV 的制作流程与方法。

与案例相关的知识与技能

—————————— 案例 5 游戏旗帜 UV 制作 ——————————

旗帜背景花纹

备注：旗帜上的文字用于看整体效果，不作为正式字体应用。

图 5-1 游戏原画

学习要求：根据游戏原画（图 5-1）展 UV。

（1）UV 大小及张数：128px×256px×1。

（2）时间：3 课时。

理论知识要点

UV、UV 坐标、UV 纹理贴图、UV 大小、UV 形状、UV 接缝、UV 排版、法向等。

UV 渲染框（UV 渲染框多数为正方形，精度有：128px×128px、256px×256px、512px×512px 和 1024px×1024px；少数为长方形，精度有：128px×256px、256px×512px 和 512px×1024px。一般情况下都尽量用正方形，特殊情况或项目要求才可用长方形）。

技能知识要点

检测法向、转换为多边形、拆分模型、归心模型坐标、删除面、设置 UV 编辑参数、添加 Diffuse 通道贴图、赋予和显示模型材质、创建与编辑 Checker 材质、平面拍 UV、不变形展 UV、松弛 UV、断 UV 线、合并 UV 线、缩放工具、移动工具、旋转工具、自由变形工具、对齐、吸附、镜像、复制、保留 UV 不变、合并模型、合并点、导出 OBJ 格式文件、导出 UV 线框图

5.1 分析原画

1. 展 UV

（1）原画中能看到颜色、材质和花纹信息的只有旗座的三面以及旗杆和旗帜的前面，因此旗座另外的面以及旗杆和旗帜背面的颜色、材质和花纹信息默认与所看到的面一样。所以 UV 展开旗座和竖直旗杆的两面，再旋转复制为另两面即可；套旗帜旗杆展开 UV 正面部分，再镜像为背面即可；旗帜展开 UV，再镜像制作好材质的面片为背面即可。由原画还可以看出 4 根套旗帜旗杆的颜色等信息基本一样，因此 UV 展开 1 根旗杆，再镜像和复制另三根即可；左右两侧旗帜的颜色等信息基本一样，因此 UV 展开其中一侧，再镜像另一侧即可。

（2）原画中每块相互垂直和斜切的面都有明显的边界线，这些边界线在 UV 发生不能被接受的变形时需适当断开。断开时，优先考虑不容易看到或在暗面的边界线。

2. 排版 UV

原画中颜色、材质和花纹信息一样的 UV 面可共用。原画中两面旗帜花纹不同，所以这两面旗帜的 UV 须分开排版。

5.2 准备展 UV

1. 检查法向一致性

（1）选中模型，选择 Utilities 中的 Reset XForm 后再点击跳出的 Reset Selected 按钮检查法向是否一致。

（2）选中模型后右键选择 Convert to: 中的 Convert to Editable Poly 命令转换成多边形。

2.拆分模型

（1）按键盘的数字5进入体编辑模式，如图5-2所示在选中旗座第一个一体模的情况下点击 Detach 把该模型分离出去。依次选中旗座第二个和第三个一体模，各自将其分离出去，使旗座分为3个一体模。

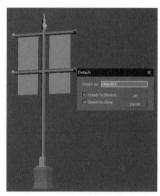

图 5-2

（2）在选中竖直旗杆第一个一体模的情况下点击 Detach 把该模型分离出去。再选择竖直旗杆第二个一体模，将其分离出去，使竖直旗杆分为2个一体模。

（3）在选中1根套旗帜旗杆的情况下点击 Detach 把该模型分离出去。依次选中另三根套旗帜旗杆，各自将其分离出去，使套旗帜旗杆分为4个一体模。

（4）在选中一面旗帜的情况下点击 Detach 把该模型分离出去。依次选中另两面旗帜，各自将其分离出去，使旗帜分为4个一体模。

3.归心一体模坐标

选中所有共13个一体模，选择 Hierarchy 中的 Pivot 按钮，点击 Affect Pivot Only 后点击 Center to Object 将坐标归到模型中心，如图5-3所示。

4.删除共用面

（1）按键盘的数字4进入面编辑模式，如图5-4所示选择与旗座第一个一体模正面一列面以及成90°转角的7块面颜色、材质和花纹信息相同的14块面，按键盘Delete键删除面。

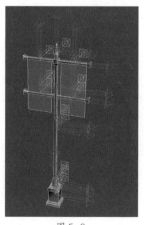

图 5-3

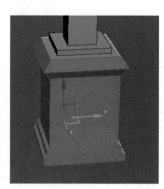

图 5-4

（2）用上述第（1）点的方法删除旗座第三个一体模中为共用面的背面一列面以及成90°的转角面共4块面，如图5-5所示。

（3）如图5-6所示选择竖直旗杆中与前面颜色、材质和装饰信息一样的背面14块面，按键盘Delete键删除面。

（4）用上述第（3）点的方法删除1根套旗帜旗杆中为共用面的背面4块面，如图5-7所示。

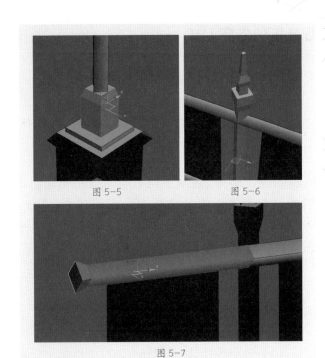

图5-5　　　　图5-6

图5-7

（5）由于4根套旗帜旗杆颜色、材质和装饰信息一样，所以按键盘的数字6进入模型编辑模式后如图5-8所示选择未删除共用面的3根旗杆，按键盘Delete键删除掉。

（6）由于竖直旗杆两侧的旗帜形状一样，所以如图5-9所示选择一侧旗帜的2块面，按键盘Delete键删除掉。

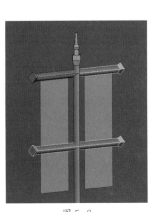

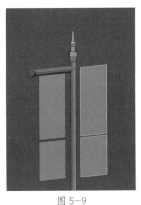

图5-8　　　　图5-9

5. 调出展UV按钮

勾选Configure Modifier Sets中的Show Buttons调出按钮，点击Configure Modifier Sets中的Configure Modifier Sets，在弹出的Configure Modifier Sets窗口中左键选择长按Unwrap UVW拖入右边的空白按钮中，点击OK调出UV编辑按钮。

5.3 拆分旗座 UV

1. 设置 UV 编辑参数

（1）选中旗座第一个一体模，点击 Unwrap UVW 一次。

图 5-10

（2）点击 Edit... 按钮，在跳出的 Edit UVWs 窗口中选择菜单栏 Options 中的 Preferences... 命令。在跳出的 Unwrap Options 窗口中点击 Background Color 下的色块，调节颜色深浅已能看清模型线。如图 5-10 所示调整 Display Preferences 中 Render Width 和 Render Height 都为 256。调整 Misc. Preferences 中 Grid Size 为 0.5，使 UV 渲染框分成 4 个相等的正方形，点击 OK。

（3）点击 Options 中的 Save Current Settings As Default 命令以保存 UV 编辑参数值。

（4）预制作精度为 128p×256px 的贴图，则在左边 2 个方框中编辑 UV 即可。

2. 创建 Checker 材质

（1）按键盘 M，在跳出的 Material Editor 窗口中选择一个空白的材质球，将 Diffuse 右边的方块点开。双击跳出的 Material/Map Browser 窗口中的 Checker 选项，点击 OK 将 Checker 赋到材质球上。

（2）点击 Material Editor 窗口中的 Assign Material to Selection 按钮给旗座面片赋予材质球，点击 Show Standard Map in Viewport 按钮打开材质显示。

（3）调整 Tiling 中 U 为 30，V 为 30 将贴图重复变多。

3. 拆分旗座第一个一体模 UV

（1）不选中 Show Map 按钮以关闭贴图。

（2）按快捷键 Ctrl+Alt+ 鼠标中键滑动视图，直至看到旗座第一个一体模的所有 UV。在 UV 面编辑的模式下，如图 5-11 所示全选除了整块顶面以外的 UV，如图 5-12 所示点击 Planar 按钮后再点击 Align Y 按钮。再次点击 Planar 以取消该按钮的选中状态。

图 5-12

图 5-11

（3）勾选 Selection Mode 中的 Select Element，选中除了整块顶面以外的旗座第一个一体模所有 UV，点击 Tools 中的 Relax...，如图 5-13 所示在跳出的 Relax Tool 窗口中点击小三角选择 Relax By Face Angles 选项，调整 Iterations 为 1001，Amount 为 1，点击 Apply 一次。

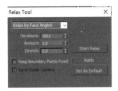

图 5-13

（4）不勾选 Selection Mode 中的 Select Element。在 UV 点编辑的模式下，选中 Edit UVWs 窗口中旗座第一个一体模最上面一条横线的 3 个连接点，如图 5-14，图 5-15 所示点击 Align Tools 中的水平对齐工具以将选中点的连线在水平方向上拉直。

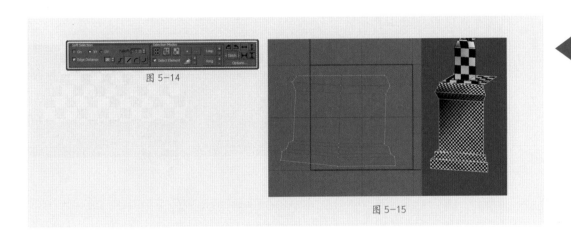

图 5-14

图 5-15

（5）如图 5-16 所示选择除上述 3 个点以外的点，点击 Relax Tool 窗口中的 Apply 一次将所有横线拉成水平直线。如不能拉直，则以横线为单位依次选择每条横线上的 3 个连接点，各自使用 Align Tools 中的水平对齐工具将所有横线拉直。

图 5-16

（6）以竖线为单位依次选择不直竖线上的所有点，使用 Align Tools 中的垂直对齐工具拉直点所连成的线。

（7）按快捷键 Alt+ 鼠标左键旋转查看旗座第一个一体模上的格子，发现斜切面有变形。如图5-17所示选择最长横线上的3个连接点，使用缩放工具调整横线的长度，直至下斜切面格子无变形为止。发现斜切面有拉伸，如图5-18所示选择最长横线以上的所有点，使用移动工具按住Shift键调至无拉伸为止。上斜切面的变形可使用同样方法调整最上面一条横线的长度和高度。

图 5-17

图 5-18

（8）发现顶面有变形和拉伸，如图5-19所示选择顶面外边缘及以下的所有点使用缩放工具缩放，直至格子无变形为止。使用移动工具按住Shift键调至无拉伸为止。

图 5-19

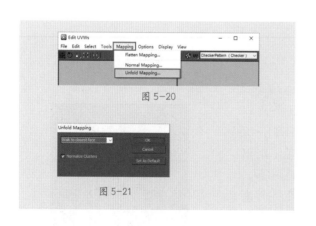

图 5-20

图 5-21

（9）在 UV 面编辑的模式下，选择整块顶面的 UV，如图5-20所示选择 Mapping 中的 Unfold Mapping... 命令，如图5-21所示在跳出的 Unfold Mapping 窗口中点击 OK 按钮。

（10）在整块顶面 UV 选中的情况下，使用缩放工具调整其大小，直至其上的格子与旗座第一个一体模其他面上的格子大小一致为止。

（11）勾选 Selection Mode 中的 Select Element，选中整个旗座第一个一体模的 UV，如图 5-22 所示使用移动工具拖到 UV 渲染框外面。选中旗座第一个一体模，右键选择 Convert to: 中的 Convert to Editable Poly 命令转换成多边形。

4. 拆分旗座第二个一体模 UV

（1）在选中旗座第二个一体模的情况下选中 Checker 材质球，点击 Material Editor 窗口中的 Assign Material to Selection 按钮给面片赋予材质球，点击 Show Standard Map in Viewport 按钮打开材质显示。

（2）点击 Unwrap UVW 一次，点击 Parameters 中的 Edit... 按钮。在跳出的 Edit UVWs 窗口中不选中 Show Map 按钮以关闭贴图。

（3）按快捷键 Ctrl+Alt+ 鼠标中键滑动视图，直至看到旗座第二个一体模的所有 UV。勾选 Selection Mode 中的 Select Element，在 UV 面编辑的模式下全选这些 UV，点击 Planar 按钮后再点击 Align Z 按钮。再次点击 Planar 以取消该按钮的选中状态。

（4）选中旗座第二个一体模的所有 UV，点击 Tools 中的 Relax...，在跳出的 Relax Tool 窗口中点击小三角选择 Relax By Face Angles 选项，调整 Iterations 为 1001，Amount 为 1，点击 Apply 一次。

（5）旗座第二个一体模上格子变形较为严重，需断开部分边界线以展平其 UV。在 UV 线编辑的模式下，选择该一体模的 4 条竖线，右键点击 Break 命令，如图 5-23 所示其选择的线变成绿色则表示线已断开。

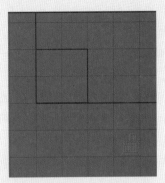

图 5-22

图 5-23

（6）再次在 UV 面编辑的模式下，选中旗座第二个一体模的所有 UV，点击 Tools 中的 Relax...，在跳出的 Relax Tool 窗口中点击小三角选择 Relax By Face Angles 选项，调整 Iterations 为 1001，Amount 为 1，点击 Apply 一次，UV 被展平。

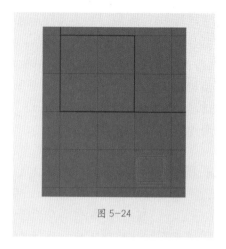

图 5-24

（7）选中整个旗座第二个一体模的 UV，如图 5-24 所示使用移动工具拖到 UV 渲染框外面。选中旗座第二个一体模，右键选择 Convert to: 中的 Convert to Editable Poly 命令转换成多边形。

5. 拆分旗座第三个一体模 UV

（1）在选中旗座第三个一体模的情况下选中 Checker 材质球，点击 Material Editor 窗口中的 Assign Material to Selection 按钮给面片赋予材质球，点击 Show Standard Map in Viewport 按钮打开材质显示。

（2）点击 Unwrap UVW 一次，点击 Parameters 中的 Edit... 按钮。在跳出的 Edit UVWs 窗口中不选中 Show Map 按钮以关闭贴图。

（3）按快捷键 Ctrl+Alt+ 鼠标中键滑动视图，直至看到旗座第三个一体模的所有 UV。勾选 Selection Mode 中的 Select Element，在 UV 面编辑的模式下如图 5-25 所示全选除了顶面以外的 UV，点击 Planar 按钮后再点击 Align Y 按钮。再次点击 Planar 以取消该按钮的选中状态。

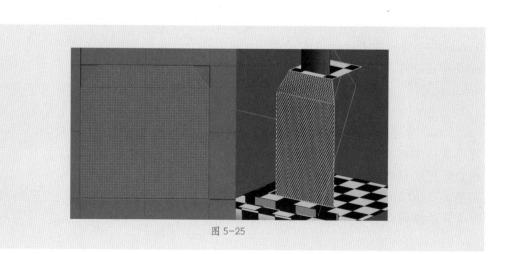

图 5-25

（4）选中除了顶面以外的旗座第三个一体模所有 UV，点击 Tools 中的 Relax...，在跳出的 Relax Tool 窗口中点击小三角选择 Relax By Face Angles 选项，调整 Iterations 为 1001，Amount 为 1，点击 Apply 一次。

（5）不勾选 Selection Mode 中的 Select Element。在 UV 点编辑的模式下，选中 Edit UVWs 窗口中旗座第三个一体模最上面一条横线的 3 个连接点，点击 Align Tools 中的水平对齐工具以将选中点的连线在水平方向上拉直，如图 5-26 所示。

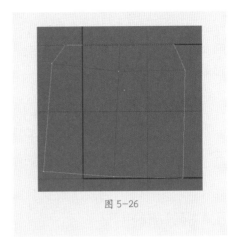

图 5-26

（6）选择除上述 3 个点以外的点，点击 Relax Tool 窗口中的 Apply 一次将所有横线拉成水平直线。如不能拉直，则以横线为单位依次选择每条横线上的 3 个连接点，各自使用 Align Tools 中的水平对齐工具将所有横线拉直。

（7）以竖线为单位依次选择不直竖线上的所有点，使用 Align Tools 中的垂直对齐工具拉直点所连成的线。

（8）按快捷键 Alt+ 鼠标左键旋转查看旗座第二个一体模上的格子，发现斜切面有变形。如图 5-27 所示选择最上面一条横线的 3 个连接点，使用缩放工具调整横线的长度，直至斜切面格子无变形为止。发现斜切面有轻微拉伸，使用移动工具按住 Shift 键调至无拉伸为止。

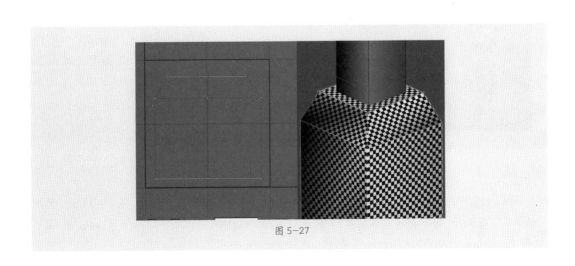

图 5-27

（9）在 UV 面编辑的模式下，选择顶面的 UV，选择 Mapping 中的 Unfold Mapping... 命令，在跳出的 Unfold Mapping 窗口中点击 OK 按钮。

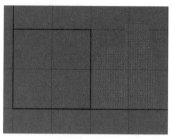

图 5-28

（10）在顶面 UV 选中的情况下，使用缩放工具调整其大小，直至其上的格子与旗座第三个一体模其他面上的格子大小一致为止。

（11）勾选 Selection Mode 中的 Select Element，选中整个旗座第三个一体模的 UV，如图 5-28 所示使用移动工具拖到 UV 渲染框外面。选中旗座第三个一体模，右键选择 Convert to: 中的 Convert to Editable Poly 命令转换成多边形。

5.4 拆分旗杆 UV

1. 拆分竖直旗杆第一个一体模 UV

（1）在选中竖直旗杆第一个一体模的情况下选中 Checker 材质球，点击 Material Editor 窗口中的 Assign Material to Selection 按钮给面片赋予材质球，点击 Show Standard Map in Viewport 按钮打开材质显示。

（2）点击 Unwrap UVW 一次，点击 Parameters 中的 Edit... 按钮。在跳出的 Edit UVWs 窗口中不选中 Show Map 按钮以关闭贴图。

图 5-29

（3）按快捷键 Ctrl+Alt+ 鼠标中键滑动视图，直至看到竖直旗杆第一个一体模的所有 UV。勾选 Selection Mode 中的 Select Element，在 UV 面编辑的模式下如图 5-29 所示全选除了顶面以外的 UV，点击 Planar 按钮后再点击 Align Y 按钮。再次点击 Planar 以取消该按钮的选中状态。

（4）选中除了顶面以外的竖直旗杆第一个一体模所有 UV，点击 Tools 中的 Relax...，在跳出的 Relax Tool 窗口中点击小三角选择 Relax By Face Angles 选项，调整 Iterations 为 1001，Amount 为 1，点击 Apply 一次。

（5）不勾选 Selection Mode 中的 Select Element。在 UV 点编辑的模式下，以竖线为单位依次选择 Edit UVWs 窗口中竖直旗杆第一个一体模每条竖线上的所有连接点，各自使用 Align Tools 中的垂直对齐工具将所有竖线拉直。

（6）以横线为单位依次选择不平横线上的所有点，使用 Align Tools 中的水平对齐工具拉直点所连成的线。

（7）按快捷键 Alt+ 鼠标左键旋转查看竖直旗杆第一个一体模上的格子，发现斜切面有拉伸。如图 5-30 所示选择最上面 2 条横线上的所有连接点，使用移动工具按住 Shift 键调至无拉伸为止。

（8）在 UV 面编辑的模式下，选择顶面的 UV，选择 Mapping 中的 Unfold Mapping... 命令，在跳出的 Unfold Mapping 窗口中点击 OK 按钮。

（9）在顶面 UV 选中的情况下，使用缩放工具调整其大小，直至其上的格子与竖直旗杆第一个一体模其他面上的格子大小一致为止。

（10）勾选 Selection Mode 中的 Select Element，选中整个竖直旗杆第一个一体模的 UV，如图 5-31 所示使用移动工具拖到 UV 渲染框外面。选中竖直旗杆第一个一体模，右键选择 Convert to: 中的 Convert to Editable Poly 命令转换成多边形。

2. 拆分竖直旗杆第二个一体模 UV

（1）在选中竖直旗杆第二个一体模的情况下选中 Checker 材质球，点击 Material Editor 窗口中的 Assign Material to Selection 按钮给面片赋予材质球，点击 Show Standard Map in Viewport 按钮打开材质显示。

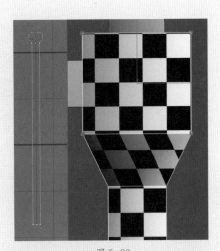

图 5-30

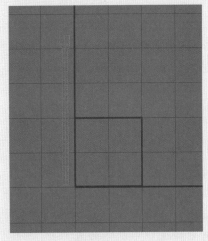

图 5-31

（2）点击 Unwrap UVW 一次，点击 Parameters 中的 Edit... 按钮。在跳出的 Edit UVWs 窗口中不选中 Show Map 按钮以关闭贴图。

（3）按快捷键 Ctrl+Alt+ 鼠标中键滑动视图，直至看到竖直旗杆第二个一体模的所有 UV。勾选 Selection Mode 中的 Select Element，在 UV 面编辑的模式下如图 5-32 所示全选除了顶面以外的 UV，点击 Planar 按钮后再点击 Align Y 按钮。再次点击 Planar 以取消该按钮的选中状态。

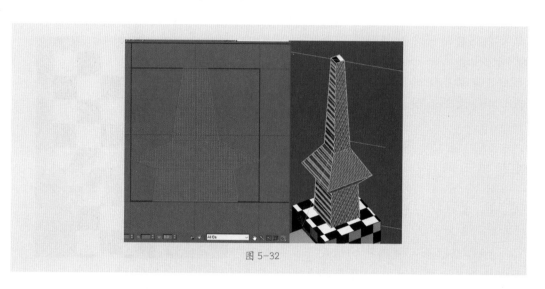

图 5-32

（4）选中除了顶面以外的竖直旗杆第二个一体模所有 UV，点击 Tools 中的 Relax...，在跳出的 Relax Tool 窗口中点击小三角选择 Relax By Face Angles 选项，调整 Iterations 为 1001，Amount 为 1，点击 Apply 一次。

（5）不勾选 Selection Mode 中的 Select Element。在 UV 点编辑的模式下，选中 Edit UVWs 窗口中竖直旗杆第二个一体模最下面一条横线上的 3 个点，点击 Align Tools 中的水平对齐工具以将选中点的连线在水平方向上拉直，如图 5-33 所示。

（6）选择除上述 3 个点以外的点，点击 Relax Tool 窗口中的 Apply 一次将所有横线拉成水平直线。如不能拉直，则以横线为单位依次选择每条横线上的 3 个连接点，各自使用 Align Tools 中的水平对齐工具将所有横线拉直。

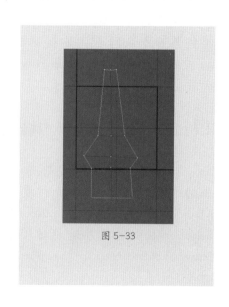

图 5-33

三维游戏场景制作入门教程

（7）以竖线为单位依次选择不直竖线上的所有点，使用 Align Tools 中的垂直对齐工具拉直点所连成的线。

（8）按快捷键 Alt+ 鼠标左键旋转查看竖直旗杆第二个一体模上的格子，发现除 1 块面外其他 7 块面都有变形。如图 5-34 所示选择最上面一条横线最右边的 1 个点，使用移动工具按住 Shift 键调至无变形为止。以横线为单位依次选择每条横线上的 3 个连接点，使用缩放工具按住 Shift 键调至无变形为止。发现有拉伸，选择所有点，使用自由变形工具按住 Shift 键调整长度，直至无拉伸为止。

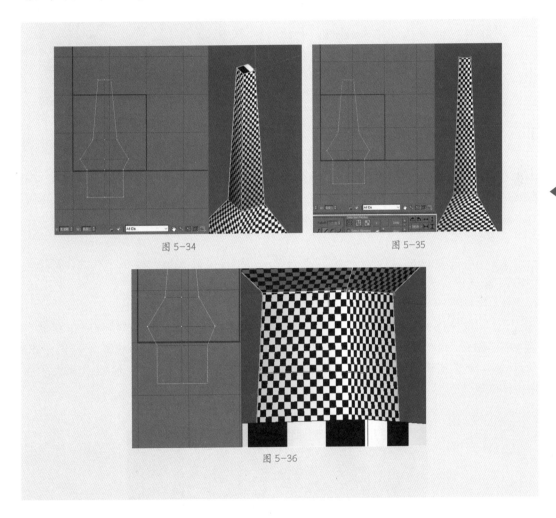

图 5-34

图 5-35

图 5-36

（9）发现竖直旗杆第二个一体模的斜切面还有拉伸，如图 5-35 所示选择最上面两条横线上的所有点，使用移动工具按住 Shift 键调至无拉伸为止。如图 5-36 所示再选择最下面两条横线上的所有点，使用移动工具按住 Shift 键调至无拉伸为止。

（10）在 UV 面编辑的模式下，选择顶面的 UV，选择 Mapping 中的 Unfold Mapping... 命令，在跳出的 Unfold Mapping 窗口中点击 OK 按钮。

（11）在顶面 UV 选中的情况下，使用缩放工具调整其大小，直至其上的格子与竖直旗杆第二个一体模其他面上的格子大小一致为止。

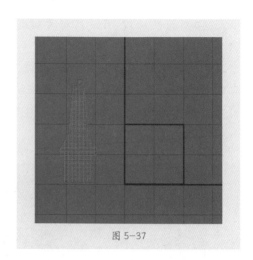

图 5-37

（12）勾选 Selection Mode 中的 Select Element，选中整个竖直旗杆第二个一体模的 UV，如图 5-37 所示使用移动工具拖到 UV 渲染框外面。选中竖直旗杆第二个一体模，右键选择 Convert to: 中的 Convert to Editable Poly 命令转换成多边形。

3. 拆分套旗帜旗杆一体模 UV

（1）在选中套旗帜旗杆一体模的情况下选中 Checker 材质球，点击 Material Editor 窗口中的 Assign Material to Selection 按钮给面片赋予材质球，点击 Show Standard Map in Viewport 按钮打开材质显示。

（2）点击 Unwrap UVW 一次，点击 Parameters 中的 Edit... 按钮。在跳出的 Edit UVWs 窗口中不选中 Show Map 按钮以关闭贴图。

（3）按快捷键 Ctrl+Alt+ 鼠标中键滑动视图，直至看到套旗帜旗杆一体模的所有 UV。勾选 Selection Mode 中的 Select Element，在 UV 面编辑的模式下如图 5-38 所示全选除了侧面以外的 UV，点击 Planar 按钮后再点击 Align Y 按钮。再次点击 Planar 以取消该按钮的选中状态。

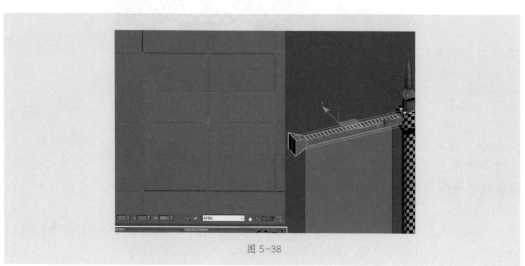

图 5-38

（4）选中除了侧面以外的套旗帜旗杆一体模所有 UV，点击 Tools 中的 Relax...，在跳出的 Relax Tool 窗口中点击小三角选择 Relax By Face Angles 选项，调整 Iterations 为 1001，Amount 为 1，点击 Apply 一次。

（5）不勾选 Selection Mode 中的 Select Element。在 UV 点编辑的模式下，以竖线为单位依次选择 Edit UVWs 窗口中套旗帜旗杆一体模最右边两条不直竖线上的所有点，使用 Align Tools 中的垂直对齐工具拉直点所连成的线。

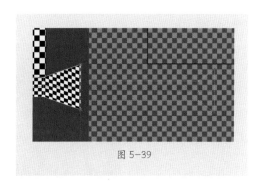

图 5-39

（6）按快捷键 Alt+ 鼠标左键旋转查看套旗帜旗杆一体模斜切面的格子，发现有拉伸，如图 5-39 所示选择最右边一条竖线上的所有点，使用移动工具按住 Shift 键调至无拉伸为止。

（7）在 UV 面编辑的模式下，选择侧面的 UV，点击 Planar 按钮后再点击 Align Z 按钮。再次点击 Planar 以取消该按钮的选中状态。

（8）在侧面 UV 选中的情况下，使用缩放工具调整其大小，直至其上的格子与套旗帜旗杆一体模其他面上的格子大小一致为止。

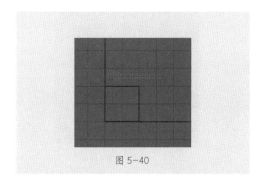

图 5-40

（9）勾选 Selection Mode 中的 Select Element，选中整个套旗帜旗杆一体模的 UV，如图 5-40 所示使用移动工具拖到 UV 渲染框外面。选中套旗帜旗杆一体模，右键选择 Convert to: 中的 Convert to Editable Poly 命令转换成多边形。

5.5 拆分旗帜 UV

1. 拆分有锯齿的旗帜一体模 UV

（1）在选中锯齿旗帜一体模的情况下选中 Checker 材质球，点击 Material Editor 窗口中的 Assign Material to Selection 按钮给面片赋予材质球，点击 Show Standard Map in Viewport 按钮打开材质显示。

（2）点击 Unwrap UVW 一次，点击 Parameters 中的 Edit... 按钮。在跳出的 Edit UVWs 窗口中不选中 Show Map 按钮以关闭贴图。

（3）按快捷键 Ctrl+Alt+ 鼠标中键滑动视图，直至看到锯齿旗帜一体模的 UV。在 UV 面 编辑的模式下如图 5-41 所示选择锯齿旗帜一体模的 UV，选择 Mapping 中的 Unfold Mapping... 命令，在跳出的 Unfold Mapping 窗口中点击 OK 按钮。

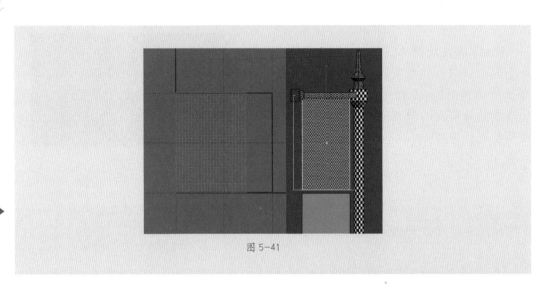

图 5-41

（4）勾选 Selection Mode 中的 Select Element，选中锯齿旗帜一体模的 UV，如图 5-42 所示使用移动工具拖到 UV 渲染框外面。选中锯齿旗帜一体模，右键选择 Convert to: 中 的 Convert to Editable Poly 命令转换成多边形。

2. 拆分带飘带的旗帜一体模 UV

使用拆分有锯齿的旗帜一体模 UV 的方法拆分带飘带的旗帜一体模 UV，如图 5-43 所示。

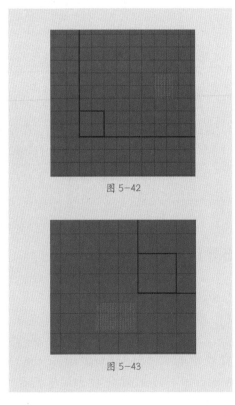

图 5-42

图 5-43

5.6 整理模型

1. 填补旗座第一个一体模共用破面

（1）选中旗座第一个一体模，点击 Angle Snap Toggle 按钮后按住 Shift 键使用旋转工具的蓝色 Z 轴旋转 180°，在跳出的 Clone Options 窗口中 Object 里选择 Copy 后点击 OK 以复制出旗座第一个一体模的另一部分。其 UV 面会与被复制部分的 UV 面自行共用。

（2）选择 Polygon 按钮，进入面编辑模式。如图 5-44 所示选择与原始旗座第一个一体模重叠的顶面，按键盘 Delete 键删除掉。

（3）选择原始旗座第一个一体模，点击 Attach 按钮后选择复制的一体模，将两片合为一体。

图 5-44

（4）按键盘的数字 1 进入点编辑模式，框选旗座第一个一体模上所有点，如图 5-45 所示点击 Weld 按钮旁边的小方块，在跳出的 Weld Vertices 窗口中调整 Weld Threshold 为 0.78 后点击 OK 合并所有重叠点。

图 5-45

（5）按键盘的数字3进入边界编辑模式，框选旗座第一个一体模检查除底面外还有无红框，以确保一体模除底面外为封闭模型。

2. 填补旗座第三个一体模和3个旗杆一体模共用破面

使用整理旗座第一个一体模的方法整理旗座第三个一体模、竖直旗杆第一和第二个一体模以及1根套旗帜旗杆一体模。

3. 镜像和复制3个套旗帜旗杆

（1）选择已经整理好的1根套旗帜旗杆一体模。按键盘的数字6进入模型编辑模式，点击Mirror按钮，在跳出的Mirror：World C...窗口中的Mirror Axis中选择X轴，Clone Selection中选择Copy，点击OK镜像出竖直旗杆另一侧的套旗帜旗杆。其UV面会与被镜像套旗帜旗杆的UV面自行共用。

（2）选择1个套旗帜旗杆，使用Shift键选择另一个套旗帜旗杆，按住Shift键使用移动工具的绿色Y轴向下拖动至两片旗帜的空隙处，在跳出的Clone Options窗口中Object里选择Copy后点击OK以制作另两个套旗帜的旗杆。其UV面会与被复制套旗帜旗杆的UV面自行共用。

（3）复制的2根旗杆长度不够。按键盘的数字1进入点编辑模式，选择其中1根旗杆有开口的4个点，如图5-46所示勾选Edit Geometry中的Preserve UVs选项。使用移动工具的红色X轴拖动至刚刚没入竖直旗杆第一个一体模木质部分中。

图5-46

4. 镜像竖直旗杆另一侧的旗帜

按键盘的数字6进入模型编辑模式，选择竖直旗杆一侧的旗帜，点击Mirror，在跳出的Mirror：World C...窗口中的Mirror Axis中选择X轴，Clone Selection中选择Copy，点击OK镜像出竖直旗杆另一侧的旗帜。其UV面会与被镜像旗帜的UV面自行共用。

5. 合并模型

选择旗座第一个一体模，点击Attach按钮后依次选择旗座第二和第三个一体模、竖直旗杆第一和第二个一体模、套旗帜旗杆一体模、锯齿旗帜一体模以及飘带旗帜一体模将13个一体模合为一体。

6. 检查法向统一性

（1）选择 Utilities 中的 Reset XForm 后再点击跳出的 Reset Selected 按钮，检测模型法向是否统一。

（2）右键选择 Convert to: 中的 Convert to Editable Poly 命令转换成多边形。

5.7 排版旗帜 UV

1. 调整模型 UV 大小

（1）点击 Unwrap UVW 按钮，再点击 Edit... 按钮，选中旗帜，在 Edit UVWs 窗口中按快捷键 Ctrl+Alt+左键调整 UV 工作区域大小以能显示旗帜的所有 UV。

（2）依次选择旗座第二和第三个一体模、竖直旗杆第一和第二个一体模、套旗帜旗杆一体模、锯齿旗帜一体模以及飘带旗帜一体模，使用缩放工具各自缩放其大小，将其棋盘格大小调整至与旗座第一个一体模大小一致为止。

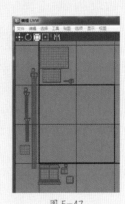

图 5-47

（3）预估所有 UV 面都能放入 UV 渲染框的 UV 大小。选择所有 UV 面，使用缩放工具缩放整体大小，直至与预估大小一致为止，如图 5-47 所示。

2. 排版竖直旗杆第一个一体模 UV

（1）在 UV 面编辑的模式下，选择竖直旗杆第一个一体模除顶面以外的 UV，使用移动工具拖到 UV 渲染框最左边。

（2）为使精度尽量高，在 UV 线编辑的模式下，选择木质与金属之间的一圈边线，右键点击 Break 命令，断开木质与金属部分的 UV。选择金属部分 UV，使用移动工具拖到 UV 渲染框外面，如图 5-48 所示。

图 5-48

（3）在 UV 面编辑的模式下，选择木质部分 UV，使用移动工具拖到 UV 渲染框最左边。使用自由变形工具按住 Shift 键调至高度撑满 UV 渲染框，长度调整至棋盘格高度为长度的 1.2 倍为止，如图 5-49 所示。

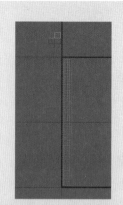

图 5-49

（4）金属部分和顶面 UV 较小，待大块 UV 排版好后再排版。

3. 排版锯齿旗帜一体模 UV

（1）选择锯齿旗帜一体模的 UV，使用顺时针 90 度旋转工具旋转 UV。

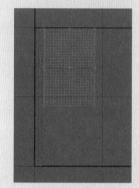

图 5-50

（2）由于 2 面锯齿旗帜花纹不同，所以选择其中 1 块 UV 使用移动工具拖到 UV 渲染框最上边靠近竖直旗杆第一个一体模木质部分的 UV 旁，另 1 块拖到正下面，如图 5-50 所示。

4. 排版飘带旗帜一体模 UV

选择飘带旗帜一体模的 UV，使用移动工具拖到锯齿旗帜一体模 UV 的下面靠近竖直旗杆第一个一体模木质部分的 UV 旁，如图 5-51 所示。

图 5-51

5. 排版旗座第一个一体模 UV

（1）选择旗座第一个一体模除顶面以外的 UV，使用移动工具拖到 UV 渲染框最下边靠近竖直旗杆第一个一体模木质部分的 UV 旁，如图 5-52 所示。

图 5-52

（2）选择旗座第一个一体模顶面的 UV，使用移动工具拖到飘带旗帜一体模 UV 的右边靠近旗座第一个一体模的其他 UV 旁，如图 5-53 所示。

6. 排版旗座第三个一体模 UV

（1）选择旗座第三个一体模除顶面以外的 UV，使用移动工具拖到 UV 渲染框最下边靠近左下方框右边蓝色线旁，如图 5-54 所示。

（2）顶面 UV 较小，待大块 UV 排版好后再排版。

7. 排版旗座第二个一体模 UV

选择旗座第二个一体模的 UV，使用移动工具拖到除顶面外的旗座第三个一体模 UV 上面靠近除顶面外的旗座第一个一体模的 UV 旁，如图 5-55 所示。

8. 排版套旗帜旗杆一体模 UV

（1）选择套旗帜旗杆除顶面以外的 UV，使用逆时针 90 度旋转工具旋转 UV。

（2）选择较长的除顶面以外套旗帜旗杆 UV，使用移动工具拖到 UV 渲染框最上边靠近左上方框右边蓝色线旁，如图 5-56 所示。

图 5-53

图 5-54

图 5-55

图 5-56

（3）为节约空间，在 UV 线编辑的模式下分别选择 2 根套旗帜旗杆木质与金属之间的一圈边线，右键点击 Break 命令，断开木质与金属部分的 UV。在 UV 点编辑的模式下，选择 1 块金属部分 UV 后点击 Edit UVWs 窗口中的网格吸附按钮，使用移动工具拖至于另一块金属部分 UV 重合为止，如图 5-57 所示。

（4）在 UV 面编辑的模式下，选择较长的木质部分 UV，使用移动工具拖到 UV 渲染框最上边靠近左上方框右边蓝色线旁。空间略有不足，加选较短的木质部分 UV，使用缩放工具调至较长木质部分 UV 高度与锯齿旗帜一体模 UV 高度一致为止，如图 5-58 所示。

（5）选择较短的木质部分 UV，使用移动工具拖到较长木质部分 UV 的正下面，如图 5-59 所示。

（6）金属部分 UV 较小，待大块 UV 排版好后再排版。

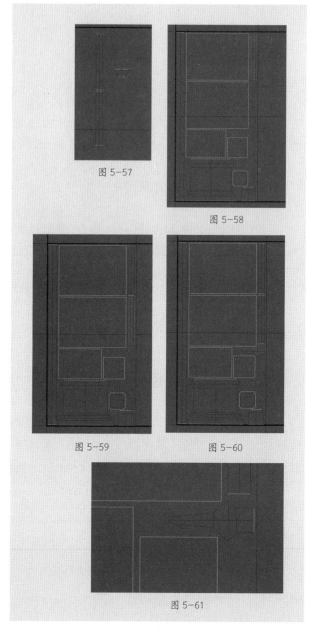

图 5-57

图 5-58

图 5-59

图 5-60

图 5-61

9. 排版竖直旗杆第二个一体模 UV

（1）选择竖直旗杆第二个一体模除顶面外的 UV，使用逆时针 90° 旋转工具旋转 UV。使用移动工具拖到锯齿旗帜一体模和旗座第一个一体模顶面 UV 的中间，靠近左下方框右边蓝色线旁，如图 5-60 所示。

（2）选择竖直旗杆第二个一体模顶面的 UV，使用移动工具拖到竖直旗杆第二个一体模其他 UV 的左面。为了减少接缝，在 UV 线编辑的模式下选择顶面 UV 的 1 条线，右键选择 Stitch Selected 命令将断开的绿线合为一根灰线，如图 5-61 所示。

10. 排版散落的 UV

（1）在 UV 面编辑的模式下，选择套旗帜旗杆金属部分的 UV，使用移动工具拖到竖直旗杆第二个一体模 UV 的下面，靠近左下方框右边蓝色线旁，如图 5-62 所示。

图 5-62

（2）选择竖直旗杆第一个一体模金属部分除顶面外的 UV，使用移动工具拖到旗座第一个一体模顶面 UV 的下面，靠近左下方框右边蓝色线旁，如图 5-63 所示。

图 5-63

（3）选择竖直旗杆第一个一体模金属部分顶面的 UV，使用移动工具拖到竖直旗杆第一个一体模金属部分其他 UV 的上面，靠近左下方框右边蓝色线旁。

（4）为了减少接缝，在 UV 线编辑的模式下选择竖直旗杆第一个一体模金属部分顶面 UV 的 1 条线，右键选择 Stitch Selected 命令将断开的绿线合为一根灰线，如图 5-64 所示。

图 5-64

（5）选择旗座第三个一体模顶面的 UV，使用移动工具拖到旗座第三个一体模其他 UV 的上面，靠近左下方框右边蓝色线旁。

（6）为了减少接缝，在 UV 线编辑的模式下选择旗座第三个一体模顶面 UV 的 1 条线，右键选择 Stitch Selected 命令将断开的绿线合为一根灰线，如图 5-65 所示。

图 5-65

（7）选择套旗帜旗杆一体模金属部分侧面的 UV，使用移动工具拖到旗座第一个一体模及其顶面、旗座第二个一体模和竖直旗杆第一个一体模金属部分 4 块 UV 的中间，如图 5-66 所示。

（8）调整所有 UV 位置，使 UV 与左边 2 个蓝色方框的边缘保持一定距离，每块 UV 之间保持一定距离。

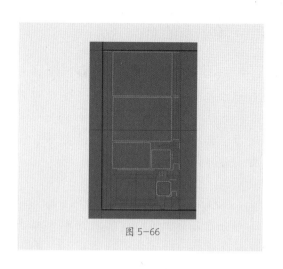

图 5-66

112

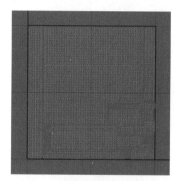

图 5-67

图 5-68

5.8 导出旗帜 UV

1. 调整 UV 精度

（1）选中所有 UV，如图 5-67 所示使用自由变形工具按住 Shift 键调至 UV 撑满整个 UV 渲染框为止。

（2）选 择 Tools 中 的 Render UVWs Template... 命令，如图 5-68 所示在跳出的 Render UVs 窗口中调整 Width 为 128，Height 为 256，制作精度为 128px×256px 的贴图。

2. 导出 UV

点击 Render UV Template 按钮，在跳出的 Render Map 窗口中点击 Save Image 按钮，在跳出的 Save Image 窗口中输入 qizhi-UV。在保存类型下拉菜单中选择 Target Image File 格式后，点击保存按钮导出模型 UV 图。

5.9 导出旗帜模型

点击 Export 中的 Export Selected 命令，在跳出的 Select File to Export 窗口中输入 qizhi，使模型名与原画名一致。在保存类型下拉菜单中选择 OBJ-Exporter 格式后点击保存按钮，在跳出的 Select to Export 窗口中点击"是"按钮，在跳出的 OBJ Export Options 窗口中 Geometry 里的 Faces 下拉菜单中选择 Polygon，Preset 下拉菜单中选择 ZBrush 后点击 Export 按钮，在跳出的 Exporting OBJ 窗口中点击 DONE 按钮，完成 OBJ 格式模型的导出。

课堂讨论（1 课时）

（1）旗帜 UV 制作项目的制作步骤有哪些?
（2）旗帜 UV 制作项目每步对应的 3DMax 软件技术是什么?
（3）旗帜 UV 制作项目中 UV 制作标准是什么?

本章小结

本章通过三维游戏手绘场景物件 UV 的制作，学习利用 3DMax 展 UV 的功能与技巧。在此基础上，巩固了章二中 UV 展开的技术与方法，为接下来章中材质的学习与制作打下了基础。

课后练习

1. 理论知识

UV 精度有哪些尺寸和形状?

2. 实训项目

（1）参考本章所讲知识点，根据游戏原画（图 5-69）利用 3DMax 制作柱子 UV。

制作要求：

① 贴图大小及张数：256px × 256px × 1;
② 时间：1 天;

③ 提交内容：模型和 UV 渲染图；
④ 提交格式：OBJ 和 TGA。

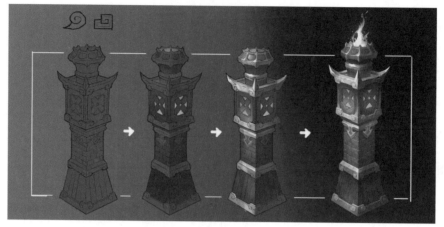

图 5-69 游戏原画

（2）制作完成并合格的项目，整理成 PPT 以在课堂上汇报其制作流程、方法、技术和标量（1 课时）。

教学要求

教学时间：8 课时

学习目标：形成科学的学习与工作态度，增强团队协作意识。学生能描述三维
游戏手绘场景物件材质的制作流程与方法；能理解 3DMax 制作材
质的技术和标量；能理解 PS 与 BP 绘制透明贴图的技术和标量。
能根据游戏原画，利用 3DMax 制作三维游戏手绘场景物件材质，
利用 PS 和 BP 绘制三维游戏手绘场景物件的透明贴图。

教学重点：学生能描述三维游戏手绘场景物件材质的制作流程与方法；能理解
PS 与 BP 绘制颜色贴图的技术。能根据游戏原画，利用 PS 和 BP
绘制三维游戏手绘场景物件的颜色贴图。

教学难点：学生能描述三维游戏手绘场景物件材质的制作流程与方法；能理解
PS 与 BP 绘制颜色透明的标量。能根据游戏原画，利用 PS 和 BP
绘制三维手绘旗帜的透明贴图。

讲授内容：三维游戏手绘场景物件材质制作。

在制作三维游戏手绘场景物件材质之前，首先需要理解色彩这类美术基础知识，以便在以后的学习或工作中有一个清晰的思路。通过制作三维游戏手绘场景物件材质来理解透明贴图与材质制作的技术和标量。通过制作，学习 3DMax 制作材质，PS 和 BP 绘制透明贴图的功能和技巧。在这基础上，让学生能描述三维游戏手绘场景物件材质的制作流程与方法。

与案例相关的知识与技能

—————————— 案例 6　游戏旗帜材质制作 ——————————

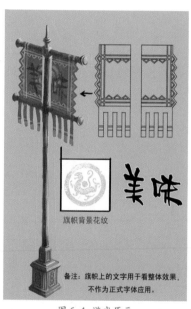

旗帜背景花纹

备注：旗帜上的文字用于看整体效果，不作为正式字体应用。

图 6-1　游戏原画

学习要求：根据游戏原画（图 6-1）制作材质。

（1）贴图大小及张数：128px×256px×1。

（2）贴图绘制：卡通风格、体积结构明显、光影统一、质感分明、颜色丰富、色调协调。

（3）时间：6 课时。

本章理论知识点

　　色彩学：以太阳光作为标准来解释光和色的物理现象。

　　基本色：光谱色环中的全部色，以红、橙、黄、绿、青、蓝、紫为基本色。

原色：由于人类肉眼有三种不同颜色的感光体，因此所见的色彩空间通常可以由三种基本色所表达，这三种基本色被称为三原色；一般来说色光三原色是红色、绿色、蓝色，用于电视机等显示设备；而色料三原色是品红色、黄色、青色，用于书本等的印刷。

间色：亦称第二次色，由色光或色料三原色中的两种原色调和而成的基本色。

复色：亦称第三次色、再间色或复合色，由色光或色料三原色与间色调和或间色与间色调和而成的颜色。

色相：色彩的面貌，最显著特征和名称，如：红色、黄色等；由原色、间色和复色构成。

同种色：同一种颜色加入另一种不等量的颜色所产生的深浅浓淡不同的各种颜色。

同类色：都含有同一色素，其色素为较接近的各种颜色。

邻近色：光谱色环上相邻近的各种颜色。

互补色：光谱色环上成 180° 角的任何一对颜色。

明度：是眼睛对光源和物体表面明暗程度的感觉，主要是由光线强弱决定的一种视觉经验。一般来说，光线越强，看上去越亮；光线越弱，看上去越暗。

纯度：颜色纯粹的程度，用来表现色彩的鲜艳程度。

色性：色彩给人习惯上的冷暖感觉和联想。如：红、橙色常使人联想起红色的火焰，因此有温暖的感觉，所以称为暖色；绿、蓝色常使人联想起绿色的森林和蓝色的冰雪，因此有寒冷的感觉，所以称为冷色；黄、紫等色给人的感觉是不冷不暖，故称为中性色。色彩的冷暖是相对的，所以在同类色彩中含暖意成分多的较暖，反之较冷。

空气透视：由于空气对光线的阻隔，物体的明暗和纯度会有近清晰远模糊的变化规律，具体表现为近明度纯度高，远明度纯度低；物体的色彩会有近偏暖远偏冷的变化规律，具体表现为近色相偏暖，远色相偏冷。

颜色变化因素：光源的颜色和强弱、光源与物体各部分远近距离、物体固有的颜色、物体各面与光线所成的角度以及周围环境的颜色和反光强度。

颜色贴图：类似于绘画中的水粉画，运用丰富的色调，比较客观地表现物体在太阳光下，所形成的固有色、环境色及光源色三者之间的关系。

固有色：阳光下物体呈现的色彩效果的总和，一般表现为处于物体中间灰调子的中间值颜色。

透明贴图：在颜色贴图的 RGB 三条通道上再加一条 Alpha 透明通道的贴图。

三大面、五大调子。

游戏光源：光源为天光，即顶部泛光；颜色为蓝色。

游戏光影：永远都是上下光影，即上面的明度高、纯度低、色相偏天光蓝色，所以较亮、较灰、较冷；下面的明度低、纯度高、色相偏天光蓝色的互补色，所以较暗、较艳、较暖。朝上的面为亮面，朝下的面为暗面，竖直的面为灰面；一般情况下，亮面和灰面的色相各自控制在同种色里，亮面与灰面两者之间和暗面的色相控制在同类色里，亮面、灰面与暗面三者之间的色相控制在邻近色里。

技能知识要点：

3DMax：添加 Diffuse 通道贴图、添加和编辑 Opacity 通道贴图、赋予和显示模型材质、分离模型、归心模型坐标、镜像、移动工具。

PS：图层叠加模式、选取不规则选区、调整和运用笔刷、创建和编辑 Alpha 透明通道、加深颜色、减淡颜色、选取复杂花纹选区、合并图层、调整颜色明度、调整颜色纯度、调整颜色色相、导出 TGA 格式文件。

BP：赋予模型材质、调整和运用笔刷、调整颜色明度、调整颜色纯度、调整颜色色相、吸附颜色、表现卡通石头材质、表现卡通木头材质、表现卡通金属材质、表现卡通布料材质。

6.1 分析原画

1.绘制风格

这张原画的风格为写实风格，但项目要求是制作卡通风格，所以在贴图绘制时只参考原画但以卡通风格为准。

2.绘制颜色、材质与纹样信息

（1）原画含有颜色、光影和材质信息，由于原画中的光源是侧光源，所以在绘制贴图时只参考原画中的颜色和材质按照要求绘制。

（2）原画中旗座材质为石头，旗杆材质为木头和金属，旗帜材质为布料。在绘制贴图时参考原画中石头旗座的较单一颜色和少许裂纹、木质旗杆的竖直结构木纹以及旗帜的柔软度和受力平均等信息。

（3）由于原画中标识了旗帜背景花纹，在绘制贴图时则按照设计稿绘制，同样旗帜上的"美味"两字也按备注内容和设计稿绘制。另外，原画中在旗座上绘制了雕刻的花纹、凹纹和横纹，绘制贴图时也需参考原画表现出来。

3. 处理特殊材质

（1）旗帜上的锯齿轮廓和条状飘带用透明贴图表现。

（2）在游戏引擎中看不见的旗帜反面用制作好材质的镜像旗帜面片替代即可。

6.2 准备画贴图

1. 打开与保存贴图文件

（1）启动 Photoshop CS6 软件，选择菜单栏"文件"中的"打开"命令，在跳出的"打开"窗口中选择名为"qizhi"和"qizhi-UV"2 张图，点击"打开"按钮打开原画和展好的 UV 图。

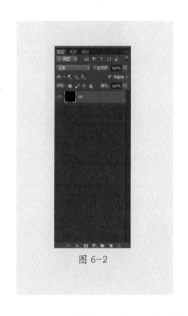

图 6-2

（2）双击"qizhi-UV"的"背景"图层，在跳出的"新建图层"窗口中"名称"后输入"UV"，点击"确定"将其转换成普通图层，如图 6-2 所示。

（3）选择菜单栏"文件"中的"存储"命令，在跳出的"存储为"窗口中"文件名"输入"qizhi-UV"，点击"保存"按钮保存默认的 PSD 格式文件。

2. 创建衬底图层

（1）点击"图层"窗口中的"创建新图层"按钮创建一个新图层。

（2）双击"图层 1"三个字变成可重命名的输入框后输入"衬底"，按键盘 Enter 键确定。

（3）左键长按"UV"图层向上移动直至"衬底"图层上出现1条粗线放掉，"UV"图层被移到了"衬底"图层上面，如图6-3所示。

（4）选择"UV"图层，点击显示"正常"的按钮，在下拉菜单中选择"滤色"，将图层混合模式进行修改。

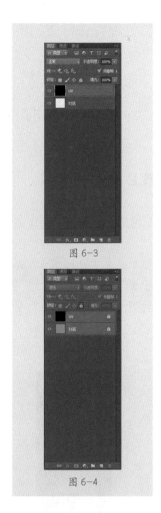

图 6-3

（5）选择"衬底"图层，选择菜单栏"编辑"中的"填充"命令，在跳出的"填充"窗口中"内容"里的"使用"后下拉菜单选择50%灰色，点击"确定"填充颜色。

（6）选择"衬底"图层，点击"锁定全部"按钮，将这"衬底"图层锁定，如图6-4所示。

3. 设置 Photoshop 画笔

（1）选择菜单栏"窗口"中的"画笔"命令，在跳出的"画笔"窗口中"画笔笔尖形状"里选择一个硬度为 100% 的笔刷，调整间距为 12%。

图 6-4

（2）点击"传递"后设置两个"控制"下拉菜单都为"钢笔压力"。如果两个"控制"前都显示的警示图标，安装手绘板驱动后即会消失。点击颜色窗口右边的小三角图标，在隐藏的选项中选择灰度滑块。

4. 赋予模型材质

（1）在 3DMax 2010 中按键盘 M，在跳出的 Material Editor 窗口中选择一个空白的材质球，将 Diffuse 右边的方块点开。双击跳出的 Material/Map Browser 窗口中第一个 Bitmap 选项，找到 PSD 格式文件 "qizhi-UV" 并打开。

（2）在旗帜选中的情况下点击 Assign Material to Selection 按钮给旗帜赋予材质球，点击 Show Standard Map in Viewport 按钮打开材质显示。

（3）按键盘的数字 8 调出 Environment and Effects 窗口，点击 Global Lighting 中 Ambient 下的色块，在跳出的 Color Selector：Ambient Light 窗口中将颜色调成白色后点击 OK 以类似于无光的模式显示材质贴图。

5. 设置 BodyPaint 3D 基本参数

启动 BodyPaint 3D R3 软件，选择菜单栏 Edit 中的 Preferences... 命令，在跳出的 Preferences 窗口中检查 Graphic Tablet、Use Hi-Res Coordinates、Realtime Spinner、Realtime Manager Update（During Animation）Recalculate Scene On Rewind 和 Reverse Orbit 有无勾选，如果没有勾选需都选中。

6. 赋予 OBJ 格式模型材质

（1）将名为"qizhi"的 OBJ 格式模型直接拖入 BodyPaint 3D R3 软件中。

（2）长按显示 Startup Layout 的图标，在跳出的隐藏选项中选择 BP 3D Paint。

（3）双击 Materials 窗口中的材质球，如图 6-15 所示在跳出的 Material Editor 窗口中点击 Color 里的 Texture... 后面有三个小点的小方块，在跳出的 Open File 窗口中找到名为"qizhi-UV"的 PSD 格式文件，选择后点击"打开"按钮将模型贴上 PSD 贴图。

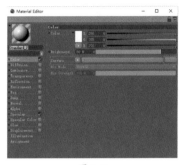

图 6-5

7. 调整 UV 图层透明度

（1）点击 3D 画笔工具进入贴图绘制模式。

（2）点击 Materials 窗口中的材质球旁边的红叉，红叉会变为画笔，如图 6-6，图 6-7 所示。

（3）打开材质球名字右边的小三角，选中"UV"图层将透明度从 100% 调至 8% 以淡淡显示 UV 线框，如图 6-8 所示。

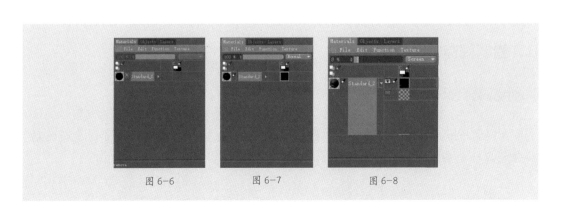

图 6-6　　　　　图 6-7　　　　　图 6-8

8. 设置 BodyPaint 3D 画笔

（1）点击画笔工具后点击 Attributes，在其窗口中点击画笔右下角的小三角，在跳出的隐藏画笔中选择第一个画笔样式。如果没有显示画笔样式则将插件 bodypaintpresets.lib4d 放到 BodyPaint 3D R3 中 library 文件夹中的 browser 里就可显示。

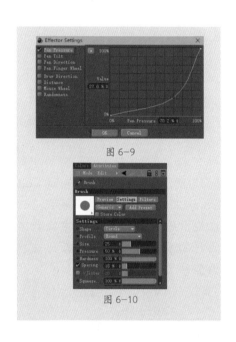

图 6-9

（2）点击 Pressure 前面的蓝色圆圈，如图 6-9 所示在跳出的 Effector Settings 窗口中勾选 Pen Pressure，调整斜线曲度，点击 OK。

（3）调整 Pressure 为 50%，Hardness 为 100%，将画笔调至与 Photoshop 里的画笔基本一样，如图 6-10 所示。

图 6-10

9. 关闭灯光

选择 Display 中的 Constant Shading 命令，关闭场景中的灯光，显示无光模式。

10. 制作原画参考

选择 Texture 中的 Undock 将 Texture 窗口独立出来，选择原画"qizhi.jpg"直接拖到其窗口中，以制作原画参考。

6.3 绘制固有色

1. 创建固有色图层

（1）在 Photoshop CS6 中选择"衬底"图层，点击"图层"窗口中的"创建新图层"按钮创建一个新图层。

（2）双击"图层1"三个字变成可重命名的输入框后输入"固有色"，按键盘 Enter 键确定，如图 6-11 所示。

2. 标记固有色

（1）在 BodyPaint 3D R3 中，按住键盘 Ctrl 键吸附显示原画的 Texture 窗口中旗座的固有色，在"固有色"图层选中的情况下，用快捷键"["和"]"键调节画笔大小，在旗座模型上标记其固有色。

（2）用上述第（1）点的方法标记旗杆木质与金属部分和旗帜底色的固有色。

3. 填充固有色

（1）在 Photoshop CS6 中，点击吸管工具吸附旗座固有色。选择多边形套索工具，沿 UV 线框将旗座形状选取后，按快捷键 Alt+Backspace 填充固有色。

（2）用上述第（1）点的方法填充旗杆木质与金属部分和旗帜底色的固有色。

（3）在 3DMax 2010 中按快捷键 Alt+ 左键查看旗帜贴图固有色的完成度，如图 6-12 所示。

6.4 绘制大光影与体积

1. 创建大关系图层

（1）在 Photoshop CS6 中选择"固有色"图层，点击"图层"窗口中的"创建新图层"按钮创建一个新图层。

（2）双击"图层1"三个字变成可重命名的输入框后输入"大关系"，按键盘 Enter 键确定，如图 6-13 所示。

图 6-11

图 6-12

图 6-13

2. 绘制旗座大光影

（1）由于光源为顶部泛光，所以朝上的 5 组旗座顶面因正对着光源为亮面而最亮。在 BodyPaint 3D R3 中，按住键盘 Ctrl 键吸附旗座固有色，在 Colors 窗口中将颜色明度调高，纯度调低，色相调蓝些。将调出的颜色与原画中旗座亮面颜色进行比对，相近即可。

（2）在"大关系"图层选中的情况下，预览画笔大小，用快捷键"["和"]"键调节画笔大小为适合绘制亮面色块的笔刷。在 5 组旗座顶面上铺调出的颜色，如图 6-14 所示。

（3）由于朝上的 2 组旗座上斜切面略受光源斜照而比顶面暗点，但比旗座竖直面亮点。所以在 Colors 窗口中将颜色调暗、艳和暖些，但比固有色亮、灰和冷。调节画笔大小在其上铺调出的颜色，如图 6-15 所示。

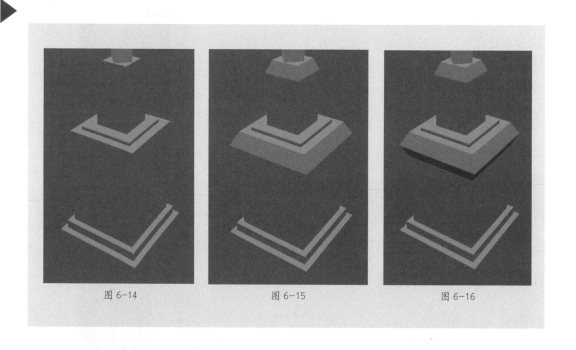

图 6-14   图 6-15   图 6-16

（4）由于朝下的旗座下斜切面略背对光源为暗面而较暗，所以吸附旗座固有色后在 Colors 窗口中将颜色调暗、艳和暖些。调节画笔大小，在其上铺调出的颜色，如图 6-16 所示。

（5）由于旗座的正面离玩家近，可将其处理得比侧面亮。所以吸附旗座竖直正面的颜色后在 Colors 窗口中将颜色调暗、艳和暖点，但比作为暗面的下斜切面颜色亮、灰和冷。调节画笔大小，在其 5 块侧面上铺调出的颜色，如图 6-17 所示。

（6）用上述第（5）点的方法吸色、调色并绘制离玩家远而较暗的旗座 2 块上斜切侧面和 1 块下斜切侧面颜色，如图 6-18 所示。

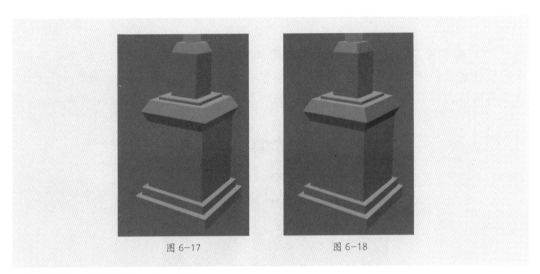

图 6-17　　　　　　　　　图 6-18

3. 绘制旗杆木质部分大光影

（1）点击鼠标中间切换到正视图。

（2）由于光源为顶部泛光，所以朝上的套旗帜旗杆木质部分上端因正对光源为亮面而最亮。按住键盘 Ctrl 键吸附旗杆木质部分固有色，在 Colors 窗口中将颜色调亮、灰和冷些。将调出的颜色与原画中旗杆木质部分的亮面颜色进行比对，相近即可。

（3）在"大关系"图层选中的情况下，预览画笔大小，用快捷键"["和"]"键调节画笔大小为适合绘制亮面色块的笔刷。在套旗帜旗杆木质部分上端铺上调出的颜色。

（4）不停按 Ctrl 键吸附过渡色根据结构绘制向固有色的过渡，如图 6-19 所示。

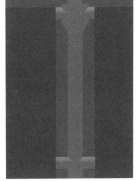

图 6-19

（5）由于朝下的套旗帜旗杆木质部分下端背对光源为暗面而最暗，所以吸附旗杆木质部分固有色后在 Colors 窗口中将颜色调暗、艳和暖些。调节画笔大小，在其下端铺上调出的颜色根据结构绘制向固有色的过渡，如图 6-20 所示。

（6）由于竖直旗杆木质部分的中间离玩家近，可将其处理得比固有色亮。所以吸附旗杆木质部分固有色后在 Colors 窗口中将颜色调亮、灰和冷点。调节画笔大小，在其中间铺上调出的颜色并根据结构绘制向固有色的过渡。

（7）由于竖直旗杆木质部分的两侧离玩家远，可将其处理得比固有色暗。所以吸附旗杆木质部分固有色后在 Colors 窗口中将颜色调暗、艳和暖些。调节画笔大小，在其两侧铺上调出的颜色并根据结构绘制向固有色的过渡，如图 6-21 所示。

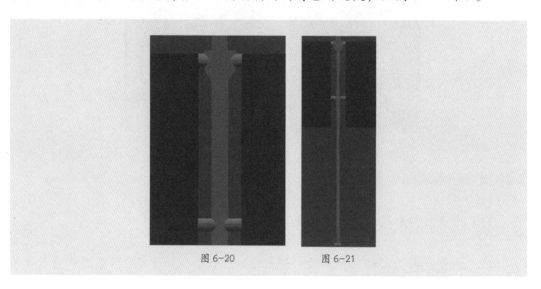

图 6-20   图 6-21

4. 绘制旗杆金属部分大光影

（1）由于光源为顶部泛光，所以朝上的竖直旗杆金属部分 2 组顶面因正对光源为亮面而最亮。按住键盘 Ctrl 键吸附旗杆金属部分固有色，在 Colors 窗口中将颜色调亮、灰和冷些。将调出的颜色与原画中旗杆木质部分的亮面颜色进行比对，相近即可。

（2）在"大关系"图层选中的情况下，预览画笔大小，用快捷键"["和"]"键调节画笔大小为适合绘制亮面色块的笔刷。在竖直旗杆金属部分 2 组顶面上铺调出的颜色，如图 6-22 所示。

图 6-22

（3）由于朝上的套旗帜旗杆金属部分顶端因正对光源为亮面而最亮，所以在其上铺上述第 2 点调出的颜色并根据结构绘制向固有色的过渡，如图 6-23 所示。

（4）由于朝上的竖直旗杆金属部分上斜切面略受光源斜照为灰面而比顶面暗点，但比其竖直面亮点。所以在 Colors 窗口中将颜色调暗、艳和暖点，但比固有色亮、灰和冷。调节画笔大小，在其上铺调出的颜色，如图 6-24 所示。

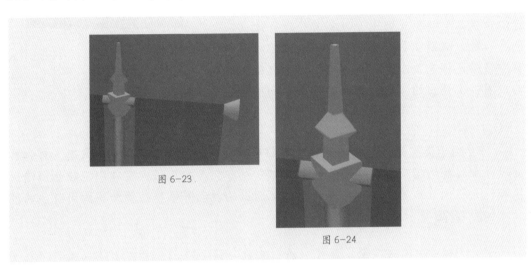

图 6-23

图 6-24

（5）由于套旗帜旗杆金属部分侧面离玩家远，可将其处理得比固有色暗。所以吸附旗杆金属部分固有色，在 Colors 窗口中将颜色调暗、艳和暖些。点击鼠标中间切换到透视视图。调节画笔大小，在其上铺调出的颜色，如图 6-25 所示。

（6）由于朝下的竖直旗杆金属部分 2 组下斜切面略背对光源为暗面而较暗，但比背对光源的套旗帜旗杆金属部分下端亮。所以在 Colors 窗口中将颜色调暗、艳和暖些。点击鼠标中间切换到正视图。调节画笔大小，在其上铺调出的颜色，如图 6-26 所示。

图 6-25

图 6-26

（7）由于朝下的套旗帜旗杆金属部分下端背对光源为暗面而最暗，所以在 Colors 窗口中将颜色调暗、艳和暖些。调节画笔大小，在其上铺调出的颜色并根据结构绘制向固有色的过渡，如图 6-27 所示。

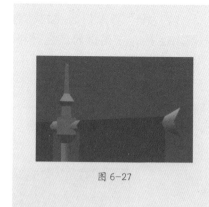

图 6-27

（8）由于竖直旗杆金属部分的竖直面和两截近似竖直面中间离玩家近，可将其处理得比固有色亮。所以吸附旗杆金属部分固有色后在 Colors 窗中将颜色调亮、灰和冷点。调节画笔大小，在其中间铺上调出的颜色并根据结构绘制向固有色的过渡。

（9）由于竖直旗杆金属部分的竖直面和两截近似竖直面两侧离玩家远，可将其处理得比固有色暗。所以吸附旗杆金属部分固有色后在 Colors 窗口中将颜色调暗、艳和暖点。调节画笔大小，在其两侧铺上调出的颜色并根据结构绘制向固有色的过渡，如图 6-28 所示。

（10）由于竖直旗杆金属部分上斜切面和 2 组下斜切面与竖直面结构一样都为圆柱，所以用上述第（8）点的方法调色并绘制其中间的光影颜色。用上述第（9）点的方法调色并绘制其两侧的光影颜色，如图 6-29 所示。

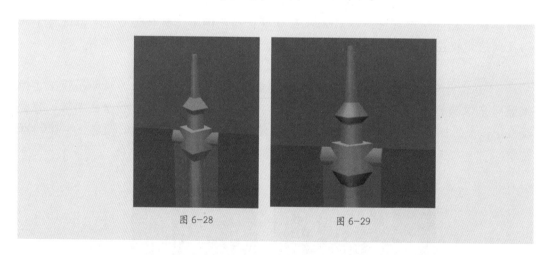

图 6-28   图 6-29

5. 绘制旗帜底色大光影

（1）由于光源为顶部泛光，所以朝上的套旗帜旗杆上旗帜顶端因正对光源为亮面而最亮。按住键盘 Ctrl 键吸附旗帜底色固有色，在 Colors 窗口中将颜色调亮、灰和冷些。将调出的颜色与原画中旗帜底色的亮面颜色进行比对，相近即可。

（2）在"大关系"图层选中的情况下，预览画笔大小，用快捷键"["和"]"键调节画笔大小为适合绘制亮面色块的笔刷。在套旗帜旗杆上旗帜顶端铺上调出的颜色并根据结构绘制向固有色的过渡。

（3）由于朝下套旗帜旗杆上旗帜下端背对光源为暗面而最暗，所以吸附旗帜底色固有色后在 Colors 窗口中将颜色调暗、艳和暖些。调节画笔大小，在其上铺调出的颜色，如图 6-30 所示。

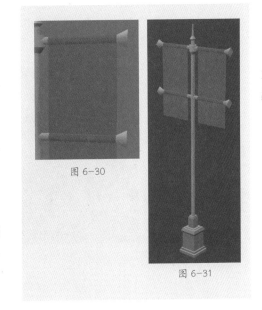

图 6-30

图 6-31

6. 查看贴图大光影完成度

在 3DMax 2010 中按快捷键 Alt+ 左键查看旗帜贴图大光影的完成度，如图 6-31 所示。

6.5 绘制光影衰减

1. 创建光影衰减图层

（1）在 Photoshop CS6 中选择"大关系"图层，点击"图层"窗口中的"创建新图层"按钮创建一个新图层。

（2）双击"图层1"三个字变成可重命名的输入框后输入"光影衰减"，按键盘 Enter 键确定，如图 6-32 所示。

2. 绘制旗座光影衰减

（1）由于光源为顶部泛光，所以旗座第二个一体模比第三个一体模离光源远而较暗。如图 6-33 所示复制"固有色"和"大关系"图层，如图 6-34 所示按快捷键 Ctrl+E 合并复制的 2 个图层。使用多边形套索工具选取

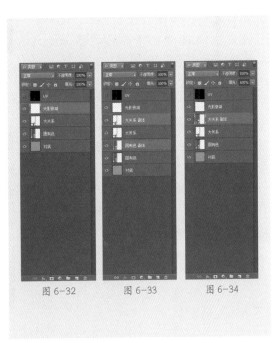

图 6-32   图 6-33   图 6-34

旗座第二个一体模后使用"曲线"命令调暗光影，如图 6-35 所示。

（2）由于旗座第一个一体模比第二个一体模离光源远而较暗。使用多边形套索工具选取旗座第一个一体模后使用"曲线"命令调暗光影，如图 6-36 所示。

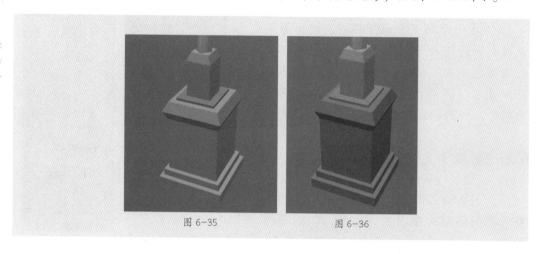

图 6-35　　　　　　　　　图 6-36

（3）由于旗座第二个立方体顶面比第一个一体模顶面离光源远而较暗。使用多边形套索工具选取旗座第二个立方体顶面后使用"曲线"命令调暗光影，如图 6-37 所示。使用同样方法调暗离光源最远的第一个立方体顶面颜色，如图 6-38 所示。

图 6-37　　　　　　　　　图 6-38

（4）由于有方形凹纹立方体的下端离光源远而较暗，所以复制"大关系 副本"图层后使用"曲线"命令调暗光影，如图 6-39 所示。添加一个蒙版填充成黑色，使用画笔工具在其下端不均匀地显示较暗光影以同时绘制出石斑，如图 6-40 所示。

图 6-39

图 6-40

（5）继续使用画笔工具在旗座竖直面以及上斜切面离光源远而较暗的下端绘制其光影颜色，如图6-41所示。

（6）由于旗座是石头，其脆性使得其边界不平整。所以吸附旗座的边界颜色，调节画笔大小将边界绘制得不平整，如图6-42所示。

图6-42

图6-41

3. 绘制旗杆木质部分光影衰减

（1）由于光源为顶部泛光，所以下面1根套旗帜旗杆离光源远而较暗。使用多边形套索工具选取下面1根套旗帜旗杆后使用"曲线"命令调暗光影，如图6-43所示。

（2）由于2根套旗帜旗杆外边缘离光源远而较暗，所以复制"大关系 副本"图层后使用"曲线"命令调暗光影。添加一个蒙版填充成黑色，使用画笔工具在其外边缘渐变地显示较暗光影，如图6-44所示。

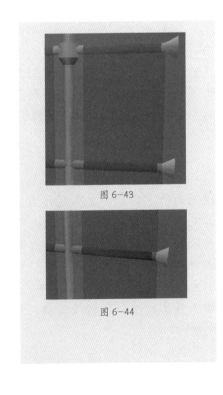

图6-43

图6-44

（3）由于竖直旗杆木质部分的下端离光源远而较暗，所以在"大关系 副本2"图层上使用画笔工具在其下端渐变地显示较暗光影。用同样方法绘制另一根套旗帜旗杆离光源远的外边缘光影，如图6-45所示。

（4）由于木质的纹路使得旗杆木质部分表面不平整。所以吸附旗杆木质部分的暗面颜色，调节画笔大小将暗面边缘绘制得不平整，如图6-46所示。

4. 绘制旗杆金属部分光影衰减

（1）由于光源为顶部泛光，所以竖直旗杆第二个一体模比第一个一体模离光源近而较亮。使用多边形套索工具选取竖直旗杆金属部分后使用"曲线"命令调暗光影，如图6-47所示。

（2）由于竖直旗杆金属部分下面一截近似竖直面比上面一截离光源远而较暗，所以使用多边形套索工具选取下面一截近似竖直面后使用"曲线"命令调暗光影，如图6-48所示。

（3）由于竖直旗杆第二个一体模上面的下斜切面没有制作出来，其光影比下面的下斜切面离光源近而较亮，所以使用画笔工具吸附下面斜切面颜色后在Colors窗口中将颜色调亮灰和冷点。调节画笔大小，绘制其上面的下斜切面光影，如图6-49所示。

图6-45

图6-46

图6-47　　　　图6-48

图6-49

（4）由于套旗帜旗杆金属部分比竖直旗杆金属部分离光源远而较暗，所以使用多边形套索工具选取套旗帜旗杆金属部分后使用"曲线"命令调暗光影，如图6-50所示。

（5）由于竖直旗杆金属部分竖直面的下端离光源远而较暗，所以复制"大关系副本"图层后使用"曲线"命令调暗光影。添加一个蒙版填充成黑色，使用画笔工具在其下端渐变地显示较暗光影，如图6-51所示。

（6）由于竖直旗杆金属部分两截近似竖直面和2块上斜切面的下端离光源远而较暗，所以在"大关系 副本2"图层上使用画笔工具在其下端渐变地显示较暗光影，如图6-52所示。

（7）由于套旗帜旗杆金属部分靠外的斜切面离光源远而较暗，所以在"大关系副本4"图层上使用画笔工具在其靠外端渐变地显示较暗光影，如图6-53所示。

（8）由于套旗帜旗杆金属部分侧面下端离光源远而较暗，所以在"大关系 副本4"图层上使用画笔工具在其下端渐变地显示较暗光影，如图6-54所示。

5. 绘制旗帜底色光影衰减

（1）由于锯齿旗帜比上面1根套旗帜旗杆上旗帜离光源远而较暗，所以使用多边形套索工具选取锯齿旗帜后使用"曲线"命令调暗光影，如图6-55所示。

图 6-50

图 6-51

图 6-52

图 6-53　　　　图 6-54

图 6-55

（2）由于飘带旗帜比下面1根套旗帜旗杆上旗帜离光源远而较暗，所以使用多边形套索工具选取飘带旗帜后使用"曲线"命令调暗光影，如图6-56所示。

（3）由于锯齿旗帜的外边缘和下端离光源远而较暗，所以复制"大关系 副本"图层后使用"曲线"命令调暗光影。添加一个蒙版填充成黑色，使用画笔工具在其外边缘和下端渐变地显示较暗光影，如图6-57所示。

图 6-57

图 6-56

（4）继续使用画笔工具在飘带旗帜离光源远而较暗的外边缘和下端绘制其光影颜色，如图6-58所示。

（5）由于旗帜是布料，其柔软性使其表面有褶皱。所以在BodyPaint 3D R3中吸附套旗帜旗杆上旗帜暗面的颜色，调节画笔大小将暗面边缘绘制得不直但圆滑，如图6-59所示。

6. 查看贴图光影衰减完成度

在3DMax 2010中按快捷键Alt+左键查看旗帜贴图光影衰减的完成度，如图6-60所示。

图 6-58

图 6-59

图 6-60

6.6 强化光影与体积

1. 创建强化关系图层

（1）在 Photoshop CS6 中选择"大关系"图层，点击"图层"窗口中的"创建新图层"按钮创建一个新图层。

（2）双击"图层1"三个字变成可重命名的输入框后输入"强化关系"，按键盘 Enter 键确定，如图 6-61 所示。

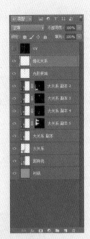

图 6-61

2. 强化旗座光影

（1）在 BodyPaint 3D R3 中，点击鼠标中间切换到透视视图。由于旗座下斜切面的上边线即明暗交界线与光源光线平行而颜色最暗，所以吸附下斜切面正面颜色后在 Colors 窗口中将颜色调暗、艳和暖点。调节画笔大小其上边线即明暗交界线处不均匀地铺上调出的颜色并根据结构留有笔触地绘制向其原来颜色的过渡以强化暗面光影以同时绘制出石斑，如图 6-62 所示。用同样方法吸色并绘制其侧面的光影颜色。

图 6-62

（2）由于旗座下斜切面与花纹立方体有遮挡关系，所以下斜切面的影子即颜色最暗的投影形成在有花纹的立方体上。在 Colors 窗口中将颜色调暗、艳和暖些。调节画笔大小，在有花纹立方体正面上留有笔触地绘制下斜切面投影的光影颜色和石斑以强化暗面光影，如图 6-63 所示。用同样方法调色并绘制其侧面的光影颜色。

图 6-63

（3）为强化旗座第一和第二个一体模的拼接关系，吸附第一个一体模顶面与第二个一体模交界的颜色后在 Colors 窗口中将颜色调暗、艳和暖点。调节画笔大小，在第一个一体模顶面上绘制其交界的光影颜色，如图 6-64 所示。

图 6-64

（4）用上述第（3）点的方法强化旗座第一和第二个立方体、第二个立方体和花纹立方体、第二和第三个一体模以及第三个一体模和竖直旗杆的拼接关系，如图6-65所示。

（5）由于旗座上斜切面为受光源斜照的灰面，所以与下斜切面或竖直面相交所形成颜色最亮的高光出现在其下边线上。吸附正面颜色后在Colors窗口中将颜色调亮、灰和冷点。调节画笔大小在其高光转折处铺上调出的颜色并根据结构绘制向高光其他处和其原来颜色的过渡以强化亮面光影，如图6-66所示。用同样方法吸色并绘制上斜切侧面的光影颜色。

图 6-66

图 6-65

（6）由于旗座顶面为正对光源的亮面，所以与上斜切面或竖直面相交形成的高光出现在其边线上。用上述第（5）点的方法吸色、调色并绘制其高光的光影颜色以强化亮面光影，如图6-67所示。

（7）由于旗座竖直正面为离玩家近的较亮面，所以与竖直相交的竖直侧面形成的高光出现在其右边线上。用上述第（5）点的方法吸色、调色并绘制其高光的光影颜色以强化亮面光影，如图6-68所示。

图 6-68

图 6-67

（8）原画中旗座上有竖阶梯结构，所以在 Photoshop CS6 中如图 6-69 所示复制"大关系""光影衰减"和"强化关系"的所有图层，如图 6-70 所示按快捷键 Ctrl+E 合并复制的 7 个图层。使用矩形选框工具选取正面竖阶梯结构面后使用"曲线"命令调暗光影，选取侧面竖阶梯结构面后使用"曲线"命令调亮光影，如图 6-71 所示。由于石头边界不平整，所以将面的边线绘制得不规则。

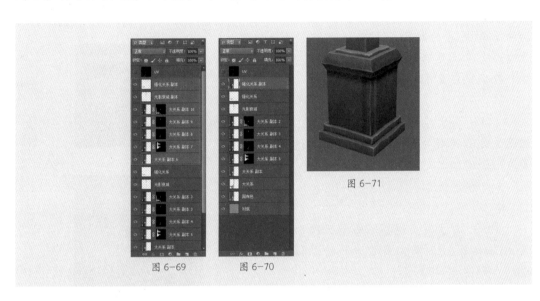

图 6-69　　　　图 6-70　　　　　　图 6-71

（9）为强化旗座上竖阶梯结构的拼接关系，在 BodyPaint 3D R3 中吸附竖阶梯的颜色后在 Colors 窗口中将颜色调暗、艳和暖点。调节画笔大小加深交界处的光影颜色，如图 6-72 所示。

（10）为强化旗座上竖阶梯结构的亮面光影，吸附竖直正侧面交界处的高光颜色后绘制竖阶梯结构正侧面交界处的高光光影，如图 6-73 所示。

（11）原画中旗座上有方形凹纹，所以在 Photoshop CS6 中使用矩形选框工具选取方形凹纹后使用"曲线"命令调暗光影以制作其位置与形状，如图 6-74 所示。

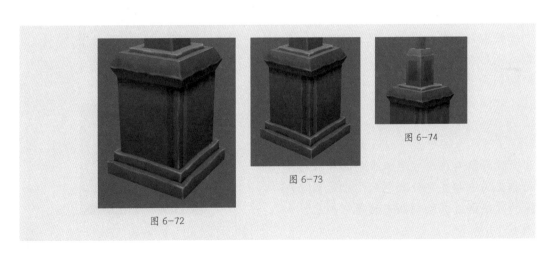

图 6-74

图 6-73

图 6-72

（12）由于旗座方形凹纹的凹面离玩家远而较暗，所以使用矩形选框工具选取凹面后使用"曲线"命令调暗光影，如图6-75所示。

（13）由于旗座方形凹纹朝下的下凹切面背对光源为暗面而较暗，所以使用多边形套索工具选取下凹切面后使用"曲线"命令调暗光影，如图6-76所示。

（14）由于旗座方形凹纹朝上的上凹切面受光源斜射为灰面而较亮，所以使用多边形套索工具选取上凹切面后使用"曲线"命令调亮光影，如图6-77所示。

（15）由于石头边界不平整，所以在BodyPaint 3D R3中将面的边线绘制得不规则，如图6-78所示。

（16）为强化旗座方形凹纹暗面的光影，吸附暗面颜色后在Colors窗口中将颜色调暗、艳和暖点。调节画笔大小绘制其上边线即明暗交界线的光影颜色。继续将颜色调暗、艳和暖点，调节画笔大小绘制上凹切面投影的光影颜色，如图6-79所示。

（17）为强化旗座方形凹纹亮面的光影，吸附上凹切面颜色后在Colors窗口中将颜色亮、灰和冷点。调节画笔大小在其高光转折处铺上调出的颜色并根据结构绘制向高光其他处和其原来颜色的过渡，如图6-80所示。

（18）为统一旗座以及方形凹纹的光影，吸附旗座上与方形凹纹暗面和较暗灰面相交的线即高光处颜色后用上述第(17)点的方法调色并绘制高光的光影颜色，如图6-81所示。

图 6-75　　　　　图 6-76

图 6-77

图 6-78

图 6-79

图 6-80

图 6-81

（19）原画中旗座上有横纹，所以在 Photoshop CS6 中使用加深工具绘制横纹的位置与形状以此作为暗面的基础形，如图 6-82 所示。

（20）由于旗座横纹朝上的上凹切面斜对光源为灰面而较亮，所以使用减淡工具绘制亮面的颜色，如图 6-83 所示。

图 6-82　　　　　　　　　　图 6-83

（21）原画中旗座上有花纹，所以用上述第(19)点的方法绘制花纹的位置与形状，如图 6-84 所示。

（22）用上述第（20）点的方法绘制旗座花纹亮面的颜色，如图 6-85 所示。用上述第（2）点和第（3）点的方法绘制旗座花纹暗面的颜色，如图 6-86 所示。

图 6-85　　　　　　　图 6-86

图 6-84

3. 强化旗杆木质部分光影

（1）由于光源为顶部泛光，所以在 BodyPaint 3D R3 中套旗帜旗杆木质部分的暗面上边线即明暗交界线与光源光线平行而颜色最暗，各自吸附 2 根套旗帜旗杆木质部分的暗面颜色后在 Colors 窗口中将颜色调暗、艳和暖点。调节画笔大小，在其各自明暗交界线处铺上调出的颜色并根据结构绘制向其原来颜色的过渡以强化暗面光影，如图 6-87 所示。

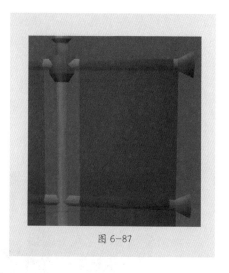

图 6-87

图 6-88

（2）由于竖直旗杆木质和金属部分有遮挡关系，所以金属部分的影子即颜色最暗的投影形成在木质部分的上端。在 Photoshop CS6 中使用加深工具绘制金属部分在木质部分上端的投影光影颜色以强化暗面光影，如图 6-88 所示。

（3）由于竖直旗杆木质部分与套旗帜旗杆有遮挡关系，所以套旗帜旗杆的影子即投影形成在竖直旗杆木质部分上。使用加深工具绘制套旗帜旗杆在竖直旗杆木质部分上的投影光影颜色以强化暗面光影，如图 6-89 所示。

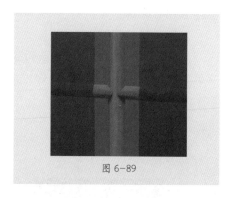

图 6-89

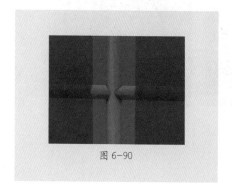

图 6-90

（4）为强化竖直旗杆木质部分与套旗帜旗杆的拼接关系，使用加深工具在竖直旗杆木质部分上绘制其除投影以外交界的光影颜色，如图 6-90 所示。

（5）由于套旗帜旗杆木质部分与旗帜有遮挡关系，所以旗帜的影子即投影形成在套旗帜旗杆木质部分与其交界的线上。使用加深工具在套旗帜旗杆木质部分上绘制旗帜投影的光影颜色以强化暗面光影，如图6-91所示。

（6）由于木质使得旗杆木质部分表面具有纹路，所以使用加深工具和画笔工具结合其光影形状绘制粗细不同的纵向木纹，如图6-92所示。

（7）由于木纹也具有体块，所以使用减淡工具和画笔工具绘制亮面的颜色，如图6-93所示。

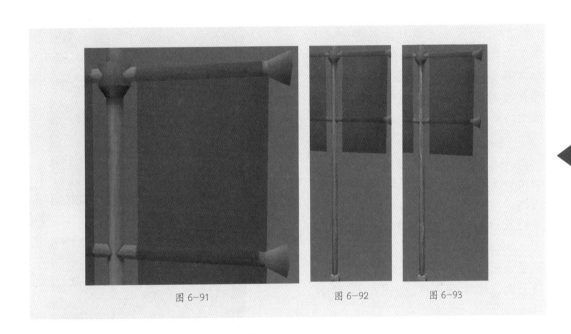

图6-91　　　　图6-92　　　　图6-93

4.强化旗杆金属部分光影

（1）由于光源为顶部泛光，所以竖直旗杆金属部分下斜切面的上边线即明暗交界线与光源光线平行而颜色最暗。使用加深工具绘制其明暗交界线的光影颜色，如图6-94所示。

图6-94

（2）由于竖直旗杆金属和木质部分的交界具有包裹关系，即金属部分包裹木质部分。所以金属在包裹时会在背对光源的地方产生一定厚度面。使用多边形套索工具选取包裹厚度后按快捷键 Ctrl+J 复制一个新图层，使用"曲线"命令调暗光影，如图 6-95 所示。

（3）由于竖直旗杆金属部分包裹厚度的外边线即明暗交界线颜色最暗，所以用上述第（1）点的方法吸色、调色并绘制其明暗交界线的光影颜色以强化暗面光影，如图 6-96 所示。

（4）由于竖直旗杆金属部分下斜切面和上斜切面或近似竖直面有遮挡关系，所以下斜切面的影子即颜色最暗的投影形成在上斜切面或近似竖直面上。使用加深工具在上斜切面或近似竖直面上绘制下斜切面投影的光影颜色以强化暗面光影，如图 6-97 所示。

（5）为强化竖直旗杆第一和第二个一体模以及上面一截近似竖直面和上面上斜切面的拼接关系，在 BodyPaint 3D R3 中吸附第一个一体模顶面与第二个一体模以及上面一截近似竖直面和上面上斜切面交界的颜色后在 Colors 窗口中将颜色调暗、艳和暖点。调节画笔大小，在第一个一体模顶面以及上面上斜切面上绘制其交界的光影颜色，如图 6-98 所示。

图 6-95

图 6-96

图 6-97

图 6-98

（6）由于竖直旗杆金属部分与套旗帜旗杆有遮挡关系，所以套旗帜旗杆的影子即投影形成在竖直旗杆金属部分上。用上述第（4）点的方法在竖直旗杆金属部分上绘制套旗帜旗杆投影的光影颜色以强化暗面光影，如图6-99所示。

（7）为强化竖直旗杆金属部分与套旗帜旗杆的拼接关系，使用加深工具在竖直旗杆金属部分上绘制其除投影以外交界左、右和上最凸出部位的光影颜色，如图6-100所示。

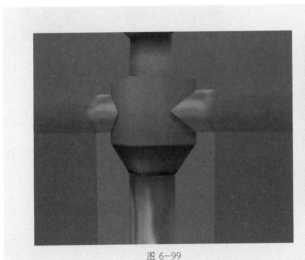

图 6-100

图 6-99

（8）由于套旗帜旗杆金属部分的暗面上边线即明暗交界线颜色最暗，所以使用加深工具绘制其明暗交界线的光影颜色以强化暗面光影，如图6-101所示。

（9）由于套旗帜旗杆金属和木质部分的交界具有包裹关系，即金属部分包裹木质部分，所以金属在包裹时会产生一定受光源斜照的厚度侧面。用上述第（2）点的方法调暗包裹厚度的光影颜色，如图6-102所示。

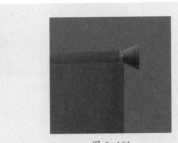

图 6-101

图 6-102

（10）由于套旗帜旗杆金属和木质部分有遮挡关系，所以木质部分的影子即投影形成在金属部分侧厚度面上。用上述第（6）点和第（7）点的方法在侧厚度面上绘制木质部分投影和交界上左、右和上最凸出部位的光影颜色，如图 6-103 所示。

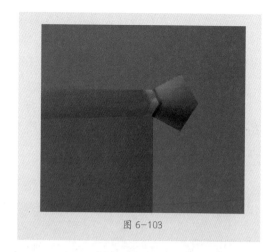

图 6-103

（11）由于竖直旗杆金属部分竖直面为受光源斜照的灰面，所以与下斜切面相交所形成颜色最亮的高光出现在其下边线上。使用减淡工具绘制其高光的光影颜色以强化灰面光影，如图 6-104 所示。

（12）由于竖直旗杆金属部分上斜切面为受光源斜照的灰面，所以与下斜切面相交形成的高光出现在其下边线上。用上述第（11）点的方法吸色、调色并绘制其高光的光影颜色，如图 6-105 所示。

图 6-104

图 6-105

图 6-106

（13）由于竖直旗杆顶面为正对光源的亮面，所以与竖直面或上面一截近似竖直面相交形成的高光出现在其边线上。又由于前后最凸部位高光更亮，用上述第（11）点的方法吸色、调色并绘制其高光的光影颜色，如图 6-106 所示。

（14） 由于竖直旗杆金属部分下斜切面为略背对光源的暗面，所以与包裹厚度面相交形成的高光出现在其边线上。用上述第（11）点的方法吸色、调色并绘制其高光的光影颜色，如图 6-107 所示。

（15） 由于套旗帜旗杆金属部分亮面和灰面为受光源照射的面，所以与侧厚度面和侧面相交形成的高光出现在其内外侧边线上端。用上述第（11）点的方法吸色、调色并绘制其高光的光影颜色，如图 6-108 所示。

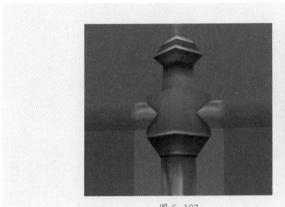
图 6-107

图 6-108

（16） 由于套旗帜旗杆金属部分侧面为受光源斜照的灰面，所以与金属部分相交形成的高光出现在其外边线下端。用上述第（11）点的方法吸色、调色并绘制其高光的光影颜色，如图 6-109 所示。

5. 强化旗帜底色光影

（1） 由于光源为顶部泛光，所以上面 1 根套旗帜旗杆上旗帜的影子，即颜色最暗的投影形成在与其有遮挡关系的锯齿旗帜上端。使用加深工具在锯齿旗帜上绘制旗杆上旗帜投影的光影颜色以强化暗面光影，如图 6-110 所示。

图 6-109

图 6-110

（2）由于下面1根套旗帜旗杆上旗帜与飘带旗帜有遮挡关系，所以旗杆上旗帜的影子即投影形成在飘带旗帜上端。使用加深工具在锯齿旗帜上绘制旗杆上旗帜投影的光影颜色以强化暗面光影，如图6-111所示。

（3）为强化套旗帜旗杆上旗帜与旗杆的覆盖关系，需绘制出旗帜左右两边离玩家远的厚度侧面。使用加深工具绘制旗帜的覆盖厚度面，如图6-112所示。

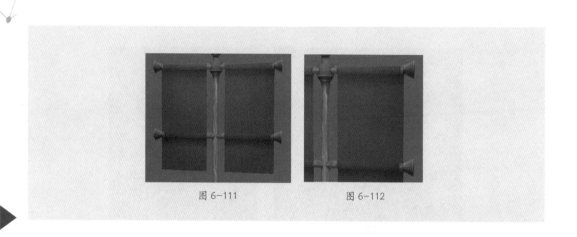

图6-111　　　　　　　图6-112

（4）由于旗帜是布料，其柔软性使其具有褶皱。使用减淡工具在锯齿和飘带旗帜上结合旗杆上旗帜的光影形状绘制近似竖直的褶皱，如图6-113所示。

图6-113

（5）由于布料的光比较柔和，所以在BodyPaint 3D R3不停吸附过渡色绘制褶皱向旗帜的过渡，如图6-114所示。

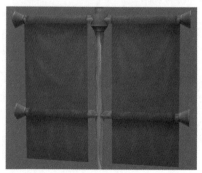

图6-114

6. 查看贴图强化光影完成度

在 3DMax 2010 中按快捷键 Alt+ 左键查看旗帜贴图强化光影的完成度，如图 6-115 所示。

6.7 绘制质感

1. 创建质感图层

（1）在 Photoshop CS6 中选择"强化关系"图层，点击"图层"窗口中的"创建新图层"按钮创建一个新图层。

（2）双击"图层1"三个字变成可重命名的输入框后输入"质感"，按键盘 Enter 键确定，如图 6-116 所示。

2. 绘制旗座质感

（1）由于旗座为石头，其上有块面状的石斑。所以使用加深工具绘制凸起石斑的暗面，使用减淡工具绘制凹陷石斑的亮面，如图 6-117 所示。

（2）旗座表面因为石头脆性而有裂缝。所以在 BodyPaint 3D R3 中吸附旗座的颜色，在 Colors 窗中将颜色调暗、艳和暖点。调节画笔大小结合其光影和石斑色块的形状绘制大小不一的斜向裂缝，如图 6-118 所示。

（3）由于旗座裂缝朝上的面受光源斜射为灰面而较亮，所以吸附裂缝线框的颜色后在 Colors 窗中将颜色调亮、灰和冷点。调节画笔大小绘制灰面的颜色，如图 6-119 所示。

图 6-115　　　　图 6-116

图 6-117

图 6-118

图 6-119

（4）为强化旗座裂缝暗面的光影，在 Colors 窗中将颜色调暗、艳和暖点。调节画笔大小绘制其灰面上端即投影的光影颜色，如图 6-120 所示。

图 6-120

（5）为统一旗座以及裂缝的光影，吸附旗座上与裂缝暗面和较暗灰面相交的线即高光颜色后在 Colors 窗中将颜色调亮、灰和冷。调节画笔大小，在其高光转折处铺上调出的颜色并根据结构绘制向高光其他处和其原来颜色的过渡，如图 6-121 所示。

图 6-121

3.绘制旗杆木质部分质感

（1）为表现旗杆木纹的块面感，在 BodyPaint 3D R3 中吸附木纹暗面与旗杆木质部分交界的颜色根据结构绘制暗面向木质部分过渡的倒角面光影颜色，如图 6-122 所示。在绘制时可将倒角面延伸出细微的木纹。

（2）由于纵向木纹的中间离玩家远而较暗，所以吸附间隙颜色后在 Colors 窗中将颜色调暗、艳和暖点。调节画笔大小，在其中间铺上调出的颜色并绘制向其原来颜色的过渡。再在 Colors 窗中将颜色调暗、艳和暖点，调节画笔大小在灰面上绘制暗面投影的光影颜色，如图 6-123 所示。

图 6-122

图 6-123

4.绘制旗杆金属部分质感

（1）由于旗杆金属部分明暗对比强烈，所以在 Photoshop CS6 中如图 6-124 所示复制"强化关系"的所有图层，按快捷键 Ctrl+E 合并复制的 3 个图层。使用加深工具加深明暗交界线的光影颜色以增强金属质感，如图 6-125 所示。

（2）由于金属明暗对比强烈，所以在 BodyPaint 3D R3 中吸附旗杆金属部分的暗面颜色后在 Colors 窗中将颜色色相偏临近材质的固有色后再调亮和灰点。调节画笔大小提亮反光的光影颜色以增强金属质感，如图 6-126 所示。

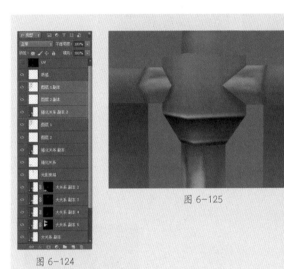

图 6-125

图 6-126

图 6-124

（3）用上述第（1）点的方法加深旗杆金属部分投影的光影颜色以增强金属质感，如图 6-127 所示。

图 6-127

（4）由于金属明暗对比强烈，所以使用减淡工具提亮旗杆金属部分高光的光影颜色以增强金属质感，如图 6-128 所示。

图 6-128

（5）由于套旗帜旗杆金属部分明暗对比强烈，所以用上述第（1）点的方法加深侧面和侧厚度面外边线最凸出部位的光影颜色以增强金属反射效果，如图6-129所示。

（6）原画中套旗帜旗杆金属部分侧面上有个圆形突起小结构，所以用上述第（1）点的方法绘制圆形突起小结构的位置和形状，如图6-130所示。

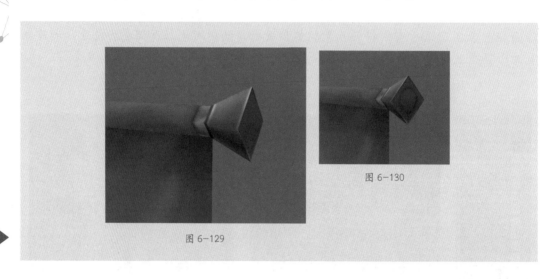

图 6-130

图 6-129

（7）由于套旗帜旗杆金属部分侧面上圆形突起小结构朝下的底端为暗面而较暗，所以用上述第（1）点的方法绘制暗面的光影颜色，如图6-131所示。

图 6-131

（8）由于套旗帜旗杆金属部分侧面上圆形突起小结构朝上的顶端为亮面而较亮，所以使用减淡工具绘制亮面的光影颜色，如图6-132所示。

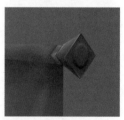

图 6-132

（9）由于套旗帜旗杆金属部分侧面上圆形突起小结构侧面离玩家远而较暗，所以使用椭圆选框工具选取突起小结构后按快捷键Ctrl+J复制一个新图层，使用"曲线"命令调暗光影，如图6-133所示。

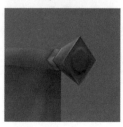

图 6-133

三维游戏场景制作入门教程

（10）为强化套旗帜旗杆金属部分侧面上圆形突起小结构的暗面光影，用上述第（1）点的方法绘制暗面上边线即明暗交界线的光影颜色，如图 6-134 所示。

（11）为强化套旗帜旗杆金属部分侧面上圆形突起小结构的亮面光影，用上述第（8）点的方法绘制高光的光影颜色，如图 6-135 所示。

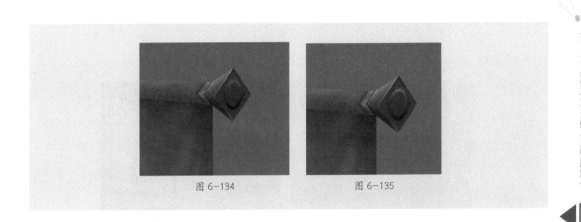

图 6-134   图 6-135

（12）为强化套旗帜旗杆金属部分侧面上圆形突起小结构的亮面光影，用上述第（8）点的方法在突起小结构外边线下端绘制其高光的光影颜色，如图 6-136 所示。

（13）为增强金属反射效果，用上述第（1）点的方法加深套旗帜旗杆金属部分侧面上圆形突起小结构侧面外边线左、右和上最凸出部位的光影颜色，如图 6-137 所示。

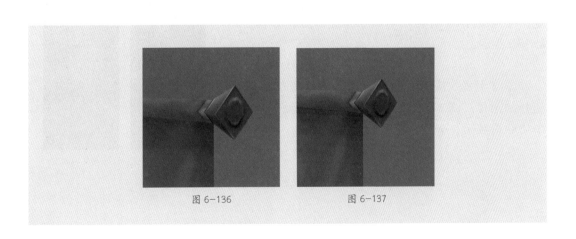

图 6-136   图 6-137

5. 绘制旗帜质感

（1）为强化旗帜褶皱的暗面光影，所以在 BodyPaint 3D R3 中吸附旗帜颜色后在 Colors 窗中将颜色调暗、艳和暖点。调节画笔大小，绘制暗面下端即投影的光影颜色，如图 6-138 所示。

（2）为强化旗帜褶皱的亮面光影，吸附褶皱颜色后在 Colors 窗中将颜色调亮、灰和冷点。调节画笔大小，绘制灰面中间即高光的光影颜色，如图 6-139 所示。

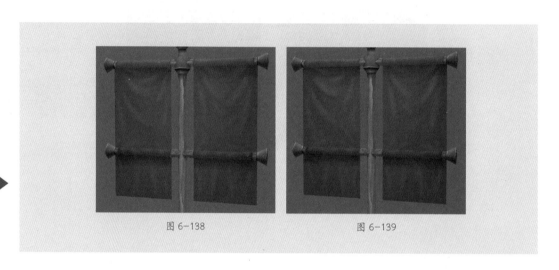

图 6-138　　　　　　　　　图 6-139

（3）由于原画中的旗帜外轮廓为锯齿状和带状，所以在 Photoshop CS6 中制作透明贴图。点击"通道"窗口中的"创建新图层"按钮创建一个可制作透明贴图的 Alpha 新图层，如图 6-140 所示。

（4）打开"RGB"图层的眼睛使贴图可视，选择"图像"菜单栏中"调整"里"反相"命令使贴图显示，如图 6-141 所示。

图 6-140　　　　图 6-141

（5）在 Alpha 新图层选中的情况下，对照原画中旗帜的锯齿边缘，使用多边形套索工具在锯齿旗帜 UV 面边缘绘制锯齿形状并在 UV 面外将选区闭合并填充黑色以成为隐藏部分，如图 6-142 所示。将"前景色"设置为黑色，使用"画笔"工具将轮廓绘制得不平整且有虚实以表现旧，如图 6-143 所示。用同样方法绘制飘带旗帜的轮廓形状。

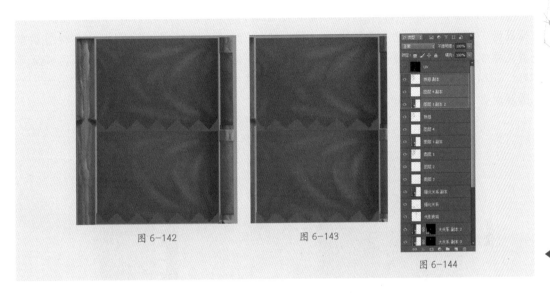

图 6-142　　　　　　图 6-143

图 6-144

（6）由于旗帜旧，所以轮廓边缘颜色较暗。如图 6-144 所示复制"质感"的所有图层，按快捷键 Ctrl+E 合并复制的 3 个图层。按 Ctrl 的同时用鼠标左键点击 Alpha 新图层，选择黑色区域。关闭 Alpha 新图层的眼睛，选择合并图层使用加深工具加深选区边缘的颜色，如图 6-145 所示。

（7）由于旗帜是有厚度的，所以使用加深工具加深旗帜朝下厚度面的光影颜色。使用减淡工具提亮旗帜朝上厚度面的光影颜色，如图 6-146 所示。

图 6-145　　　　　　图 6-146

（8）由于原画中的旗帜上有花色几何花纹，所以新建一个图层重命名新图层名字为"几何花纹"，选择"叠加"的图层混合模式。按住键盘 Alt 键吸附旗帜黄色花纹的颜色，对照原画中旗帜线条和几何花纹的平面示意图使用画笔工具绘制其花纹的位置与形状，如图 6-147 所示。

（9）由于原画中的旗帜上还有老虎花纹，所以按 Ctrl 的同时用鼠标左键点击原画的"通道"窗口中 RGB 图层。按快捷键 Ctrl+Shift+I 将选区反相，在新图层中填充旗帜几何花纹的黄色，如图 6-148 所示。框选老虎花纹，使用移动工具移至名为"qizhi-UV"的 PSD 文件中，重命名图层名字为"老虎花纹"，选择"叠加"的图层混合模式，如图 6-149 所示。

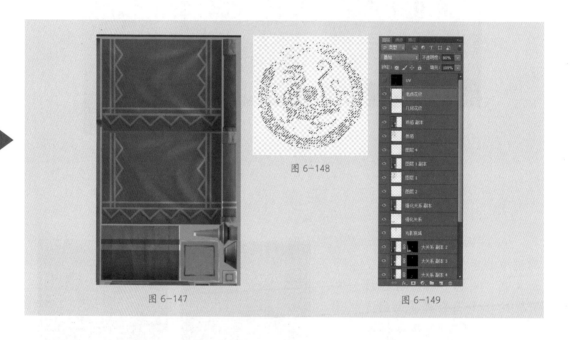

图 6-148

图 6-147   图 6-149

（10）由于原画中旗帜的老虎花纹是分成两半并分在两面锯齿旗帜上，所以按快捷键 Ctrl+T 将"老虎花纹"图层中的花纹旋转 90° 并将其一半移至 1 块旗帜的边缘中间，框选另一半使用移动工具移至另一块旗帜的边缘中间，如图 6-150 所示。

图 6-150

（11）由于原画中的旗帜上有"美味"两个美术字，所以使用魔棒工具选取灰色背景后按快捷键 Ctrl+Shift+I 将选区反相，按快捷键 Ctrl+J 复制新图层，继续选取字中的背景颜色后删掉，如图 6-151 所示。框选"美味"两字后，使用移动工具移至名为"qizhi-UV"的 PSD 文件中，重命名图层名字为"美味"，选择"叠加"的图层混合模式，如图 6-152 所示。

图 6-151

图 6-152

（12）由于原画中旗帜的"美味"两个美术字是分别在两面锯齿旗帜上的，所以按快捷键 Ctrl+T 将"美味"图层中的美术字旋转 90° 并将"美"字移至 1 块旗帜靠近边缘的中间，框选"味"字使用移动工具移至另一块旗帜靠近边缘的中间，如图 6-153 所示。

图 6-153

6. 查看贴图质感完成度

在 3DMax 2010 中按快捷键 Alt+ 左键查看旗帜贴图质感的完成度，如图 6-154 所示。

6.8 导出材质贴图并完善模型

1. 导出 TGA 贴图文件

（1）在 Photoshop CS6 中，打开 Alpha 新图层的眼睛，如图 6-155 所示。

（2）选择菜单栏"文件"中的"存储"命令，在跳出的"存储为"窗口中"文件名"输入"qizhi"，"格式"下拉菜单选择 TGA，点击"保存"按钮保存。如图 6-156 所示在跳出的"Targa 选项"窗口中选择 32 位 / 像素后点击"确定"按钮，以最终保存成功。

图 6-154　　　图 6-155

图 6-156

2. 制作透明贴图

（1）在3DMax 2010中，按键盘M，在跳出的Material Editor窗口中选择一个空白的材质球，点击Diffuse右边的小方块。双击跳出的Material/Map Browser窗口中第一个Bitmap选项。找到名为"qizhi"的TGA文件并打开。

（2）在模型选中的情况下点击Material Editor窗口中的Assign Material to Selection按钮给模型赋予材质球。

（3）长按Diffuse右边显示"M"的小方块，拖至Opacity右边的小方块中，如图6-157所示。如图6-158所示在跳出的Copy（Instance）Map窗口中点击OK，复制Diffuse贴图到Opacity上，使其小方块中也显示"M"，如图6-159所示。

（4）点击Opacity右边显示"M"的小方块进入贴图编辑窗口，如图6-160所示在Bitmap Parameters中的Mono Channel Output里选择Alpha并勾选Cropping/Placement中的Apply，以显示贴图透明效果。

图 6-157　　　　图 6-158　　　　图 6-159　　　　图 6-160

3. 查看旗帜贴图整体完成度

按快捷键Alt+左键查看旗帜贴图整体的完成度，如图6-161所示。发现旗帜材质只有一面，如图6-162所示。

图 6-161　　　　图 6-162

三维游戏场景制作入门教程

4. 制作旗帜双面材质

（1）按键盘的数字 5 进入体编辑模式，如图 6-163 所示在选中所有旗帜一体模的情况下点击 Detach 把该模型分离出去。

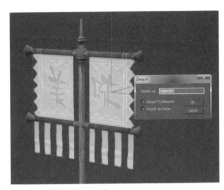

图 6-163

图 6-164

（2）按键盘的数字 6 进入模型编辑模式，选中旗帜面片后选择 Hierarchy 中的 Pivot 按钮，点击 Affect Pivot Only 后点击 Center to Object 将坐标归到模型中心，如图 6-164 所示。

（3）选择旗帜面片，点击 Mirror 按钮，如图 6-165 所示在跳出的 Mirror: World Coor... 窗口中的 Mirror Axis 选择 Y 轴，Clone Selection 中选择 Copy，点击 OK 镜像出作为旗帜反面的旗帜。

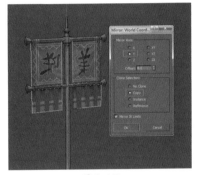

图 6-165

（4）选择镜像的旗帜面片，如图 6-166 所示使用移动工具的绿色 Y 轴将面片移动一点距离，以解决闪面的问题。

（5）在 3DMax 2010 中按快捷键 Alt+ 左键查看旗帜贴图整体的完成度，如图 6-167 所示。

图 6-166

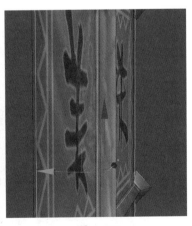

图 6-167

课堂讨论（1 课时）

（1）旗帜材质制作项目的制作步骤有哪些？

（2）旗帜材质制作项目每步对应的 3DMax、PS 和 BP 软件技术是什么？

（3）旗帜材质制作项目中材质制作标准是什么？

本章小结

　　本章通过三维游戏手绘场景物件材质的制作，学习利用 3DMax 制作材质的功能与技巧，利用 PS 和 BP 的笔刷绘制出颜色贴图并最终制作成透明贴图。在此基础上，既巩固了章三中材质制作的技术与方法，还熟悉了透明贴图的绘制方法与技巧，了解了石头、木头、金属和布料的特征及其卡通风格的画法，为以后的深造打下牢固的基础。

课后练习

1. 理论知识

（1）旗帜的受光面颜色偏冷还是偏暖？为什么会有冷暖偏向？

（2）旗帜的背光面颜色偏向应如何与受光面颜色协调？为什么可以这样协调？

2. 实训项目

（1）参考本章所讲知识点，根据游戏原画（图 6-168）利用 3DMax、PS 和 BP 制作柱子材质。

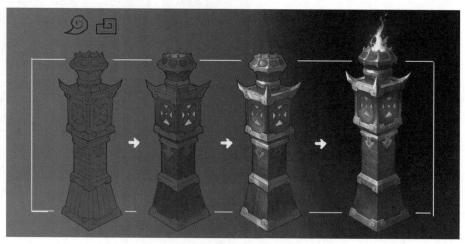

图 6-168 游戏原画

制作要求：

　　①贴图绘制：卡通风格，体积结构明显、光影统一、质感分明、颜色丰富、色调协调；

　　②　时间：2天；

　　③　提交内容：模型和贴图；

　　④　提交格式：OBJ 和 TGA。

　　（2）制作完成并合格的项目，整理成PPT以在课堂上汇报其制作流程、方法、技术和标量（1课时）。

参考文献

[1] 刘斐．设计透视学 [M]．上海：东华大学出版社，2013：1-132．

[2] 黄兵，陈沛捷，许伟婵．素描基础教程 [M]．北京：清华大学出版社，2017：1-17．

[3] 张昭济．绘画（一）[M]．上海：复旦大学出版社，2006：17-52．

[4] 王海燕，杜建伟．色彩 [M]．北京：化学工业出版社，2018：1-61．

[5] 于国瑞．色彩构成（修订版）[M]．北京：清华大学出版社，2012：1-12．

[6] 李可为，邵凌娇，吴博．游戏原画技法 [M]．湖北：华中科技大学出版社，014：1-10，112-132．

[7] 谭雪松，李如超，袁云华．3DsMax2010 中文版基础教程 [M]．北京：人民邮电出版社，2010：19-207．

[8] 祁跃辉，黄远．游戏场景设计与制作 [M]．北京：人民邮电出版社，2010：3-21，162-175．

[9] 程罡，吴江涛．三维游戏场景设计与制作 [M]．北京：电子工业出版社，2010：1-75．

[10] 李金明，李金蓉．中文版 Photoshop CS6 完全自学教程（全能学习版）[M]．北京：人民邮电出版社，2017：158-185．

[11] 武虹，符应彬．Photoshop 图像处理项目制作教程 [M]．上海：上海交通大学出版社，2012：248-260．

[12] 李砚祖．艺术设计概论 [M]．2 版．湖北：湖北美术出版社，2010：61-86．

[13] 徐国庆．职业教育项目课程开发指南 [M]．上海：华东师范大学出版社 .2009：102-152．

[14] 袁野．试论三维游戏中手绘贴图的应用 [J]．艺术科技，2018，(4)：115，176．

[15] 杨碎明，贾赛霜．基于 2D 贴图技术在手机游戏开发中的应用 [J]．电脑迷，2018，(3)：178．

[16] 李猛．三维游戏中手绘贴图的应用研究 [J]．教育现代化，2018，(16)：340-341．

[17] 田甜．应用艺术设计专业三维动画课程建设研究 [J]．科教导刊（上旬刊），2016，(7)：50-52．

[18] 田甜．基于 Web-3D 的动漫品牌虚拟专卖店展示设计与实现 [J]．数字技术与应用，2012，(8)：128-129．